二级注册建造师继续教育培训教材

建 筑 工 程

（下册）

北京市建筑业联合会　主编

中国建筑工业出版社

目　　录

上　　册

下　　册

目 录

上 册

3 建筑工程施工信息化技术与应用

3.1 施工信息化技术概述

2019 年 7 月，国家统计局发布中华人民共和国成立 70 周年经济社会发展成就系列报告显示：我国建筑业总产值规模已经突破 20 万亿元大关，逐步确定建筑业的支柱产业地位，支柱产业支撑作用更加明显，对整个国民经济发展的推动作用越来越突出。而与之相应的是我国建筑业长期处于粗放发展的状态，信息化技术总体水平还处于比较低的水平。在建筑业信息化发展水平这一点上国内外差异不大，都处于各行业最低水平。2017 年 11 月世界著名的咨询公司麦肯锡报告中国行业数字化指数，建筑业排名最后。而其在 2016 年做的《想象建筑业未来》中的两个重要论断，第一个是在全球范围内建筑业信息化水平仅仅比农业高一点，第二是有五大理念将影响建筑业未来，分别是高清晰度测量和定位技术、建筑信息模型（BIM 技术）、数字化技术、物联网和高级分析技术、新的设计和施工技术。这可以看作一个是对建筑行业当前的定位，一个是对未来发展方向的展望。而展望中的五个方向有四个是与信息化技术直接相关的。2018 年习近平总书记指出网络化、数字化、智能化是时代大潮，潮流来了跟不上就会落后，就会被淘汰。要求面对发展大潮，抓机遇，加大创新投入，着力培育新的经济增长点，实现新旧动能转换。建筑信息化与工业化融合新机遇，是企业应该加大投入实现动能转化的领域。2019 年政府工作报告提出了"深化大数据、人工智能等研发应用，打造工业互联网平台，拓展'智能＋'，为制造业转型升级赋能"。"智能＋"概念被正式提出，这对国内建筑行业信息化水平发展具有重大推动作用。

从近些年建筑行业的趋势看，信息化技术对建筑行业的发展影响越来越深入，云计算、大数据、物联网、移动互联网、人工智能等，都将对建筑业产生深刻影响。围绕建筑施工信息化，各企业都在致力于建立全新的基于信息化的建造理念和打造与之适应的管理路径。但是由于建筑行业业态多元、组织庞杂、管理粗放、业务不规范、标准化水平很低等问题远比其他行业复杂。同时建筑行业信息化基础薄弱和长期的不被重视导致实际工作开展挑战巨大。要真正实现建筑施工企业业务的信息化任重道远。但是挑战与机会并存，越有困难的地方就越有通过解决问题创造的巨大价值空间。

3.1.1 施工信息化技术基本概念

1997 年召开的首届全国信息化工作会议，对信息化定义为：信息化是指培育、发展以智能化工具为代表的新的生产力并使之造福于社会的历史过程。具象到施工领域，所谓信息化施工，是指在施工过程中所涉及的各部分各阶段广泛应用计算机信息技术，对工期、人力、材料、机械、资金、进度等信息进行收集、存储、处理和交流，并加以科学地综合利用，为施工管理及时、准确地提供决策依据。信息化具有数字化、网络化、可视化、智能化等基本特征。

应当认识到，当前全社会正处于以数据为中心，通过信息技术的发展从根本上改变产业组织结构、业务流程的大变革当中。在这个变革中，施工信息化就是在建造施工的过程中充分发挥信息化工具属性，与工程建设主要生产、管理环节深度融合，从而提升施工过程管理水平，提高施工过程运营效率，降低施工过程中的风险和成本，增强可持续发展的能力。

在发展施工信息化过程中，要注意的问题是不能为了信息化而信息化，要高度关注信息化对项目创效的支撑作用，不能把信息化和生产做成两层皮。

3.1.2 施工信息化的必要性

施工信息化的发展是多方面的需要，对企业来说最为根本的需求来自于市场竞争的压力。伴随着改革开放，中国建筑行业发展一直处在快车道。但是随着国内经济发展出现瓶颈，改革进入深水区，建筑行业通过传统粗放管理、低质量规模膨胀的野蛮式增长也走到了尽头。全行业都认识到只有通过精益建造的模式，全面掌控生产要素，降低生产成本，提高施工创效能力才能在市场竞争中谋得一席之地。

随着全社会数字化、网络化、智能化的蓬勃发展，政府的各种引导性政策和监管手段也促使施工企业推进信息化建设。企业将通过利用 BIM、物联网、大数据、人工智能、移动通信、云计算和虚拟现实等信息技术，将信息技术、人工智能技术与工程建造技术深度融合与集成，改造传统的组织架构、生产方式和管理模式，全面提升建造过程的感知、决策、预测能力，提高建造过程的生产效率、管理效率和决策能力。

1. 施工信息化的分类

按照不同维度对施工信息化进行划分，大体施工信息化的分类可分为：生产作业信息化和业务管理信息化两个层面。

生产作业信息化的主要目的是通过当前主流的物联网、互联网、大数据、工业自动化等手段全方面地感知施工过程中人、机、料、法、环等生产要素的状态。并通过积累的专业知识系统分析决策、作用于自动化装备，从而达到降低人工成本、提升产品质量、提高生产效率、降低成本的目的。其中比较典型的应用包括智慧工地当中的数据采集、自动架桥、建筑健康监测系统、自动道路摊铺、超高层智能顶升平台等方面。

业务管理信息化主要的目标是通过生产环节所产生的数据进行分析，从而打穿施工技术、质量、生产、安全、物资、商务等各个业务系统的数据壁垒。实现信息透明、可靠、及时的传递、给业务决策提供充分依据，应对市场竞争的快速变化。其中比较典型的应用包括智慧工地管理平台、施工项目管理平台、企业集采平台、企业财务共享平台等。

2. 施工信息化的发展路径

施工信息化发展路径是建立在施工行业自身生产、管理特点上的。

第一个阶段一般是在部门或者项目的专业岗位上进行个人的工具化标准软件产品应用。比如 CAD 应用，早期的人力、财务软件、资料管理软件等应用。这个阶段应用主要解决的问题是岗位层级的数据处理便捷性，提升单兵的生产效率。这个阶段的特点是应用实施见效明显，但数据碎片化严重，数据离散于个人终端设备。

第二个阶段是通过管理个人岗位信息化资源，在企业范围内形成信息化的"点"状组织。这个阶段信息化开始与最基础的管理相结合，在一个较小的范围内解决了数据集中存储，业务系统由于应用范围小、数据相对透明，数据来源比较可靠，是业务生产实践产生的数据。早期的项目管理系统、目前的项目级智慧工地平台都属于这类应用。这个阶段的特点是在一定程度上实现了业务与管理的融合，实现了部分软硬件的集成，提升了局部业务处理的效率。虽然这种应用是信息孤岛产生的根源，但是这种应用是施工企业信息化最容易产生直接效果的应用点，意义重大。

第三个阶段是施工企业各管理系统的信息化"线"状应用。因为施工企业无论层级多少都存在纵向到底的专业管理系统，包括技术、质量、生产、安全、商务、财务等，这些业务系统有较强的行政管理诉求。当前这种系统应用更多采用数据填报方式采集、管理数据。这也是当前大量信息"烟囱"形成的原因。这种烟囱实现了数据上下打穿，但是因为数据采集方式的制约，很难实现准确可靠，且横向存在业务墙的信息壁垒无法横向打穿。这个阶段管理和业务融合得更为紧密，管理对数据的依赖更为强烈，信息互联技术与企业管理体系整体融合是关键瓶颈问题。

第四个阶段是施工企业连接点、线的"面"应用阶段。企业通过建立集中数据管理规范和专业信息系统架构支撑企业内外部环境的变化。这个阶段的显著特点是企业建立具备一定规模的专业信息化管理运营团队，系统性地对企业数据资源进行采集、管理。构建完整的企业 IT 架构，利用大数据、云计算、物联网、互联网、智能＋等多种技术手段对企业信息化进行治理和提升。

施工信息化发展的终极未来一定会走数字化技术与智能技术深度融合，通过自动化技术作用于生产实践的道路。

3.1.3 施工信息化技术现状

施工信息化技术近年来发展速度较快，企业通过加大投入和技术引进比较快速地改善了企业信息化的基础设施，但是没有从根本上改变建筑行业信息化水平低的基本现状。其最主要表现在以下方面：

1. 施工企业信息化认知水平较低

信息化只有与管理、生产深度融合才能创造价值，但是目前国内的施工企业往往认为信息化只要花钱就能实现，严重忽略与企业内生业务需求的结合，缺少有步骤的信息化发展顶层战略设计。

2. 系统管理的行政管理思维制约信息化技术发展

企业的专业系统建立了大量的专业信息化软件和平台，但是由于缺少互联网协同、共享、数据透明、数据自动采集的思维；重视数据垂直填报，忽略数据可靠性管理；看中本系统数据安全，忽略数据横向关联；各业务系统数据来源都聚焦到项目层面，又不能给项目提供统一的数据入口。导致信息化在施工企业的核心利润中心层面没有实现明显效益，制约了信息化发展。

3. 跨领域施工信息化人才匮乏

建筑企业信息化人才匮乏是行业中的普遍现象。从事施工企业信息化工作需要了解业务，熟悉管理，掌握 IT 技术，对人才的要求很高。并且任何领域的信息化都不可能通过资金投入一蹴而就，信息系统也不能等同于企业普通的设备资产，一次采购全生命周期可用。其需要经长期不间断 IT 与业务数据治理、系统维护与更新。施工企业由于对信息化认识得不充分往往不能有针对性地培养企业信息化人才，最终只能依靠厂商的技术力量。这种现状不利于施工企业信息化发展的进程，滞缓了建筑企业信息化建设的发展。但随着全社会对信息化的重视，国内大专院校陆续设立了"智能建造"专业，在不远的未来应该会有一批具有专业能力年轻人进入企业。

3.1.4 施工信息化技术展望

2016 年埃森哲在《想象建筑业未来》指出了建筑行业未来五个重要的方向，其中四个与信息化是强相关的，分别是高清晰度测量和定位技术、建筑信息模型（BIM 技术）、数字化技术、物联网和高级分析技术。同期住房和城乡建设部印发《2016—2020 年建筑业信息化发展纲要》指出：建筑业信息化是建筑业发展战略的重要组成部分，也是建筑业转变发展方式、提质增效、节能减排的必然要求，对建筑业绿色发展、提高人民生活品质具有重要意义。建筑业信息化发展目标被定为："十三五"时期，全面提高建筑业信息化水平，着力增强 BIM、大数据、智能化、移动通信、云计算、物联网等信息技术集成应用能力，建筑业数字化、网络化、智能化取得突破性进展，初步建成一体化行业监管和服务平台，数据资源利用水平和信息服务能力明显提升，形成一批具有较强信息技术创新能力和信息化应用达到国际先进水平的建筑企业及具有关键自主知识产权的建筑业信息技术企业。

可以预见到，施工信息化在今后很长一段时间内都会处于高速发展的状态，在以下几个方面期待重大突破和发展：

1. 施工企业数字化转型总趋势不可逆转

在全社会、全行业迎接数字化、网络化、智能化变革的今天，少数初步完成数字化转型的企业在面对其他企业时呈现出来的是一个降维打击态势，相当于被现代化的武器武装的军队与冷兵器时代军队的对抗。并且越是大型企业面临的问题将越严重。同为特级、一级资质的企业将因为信息化能力的差异很难在一个平台上竞争，企业的成本、生产效率、商务投标能力都会出现巨大两极分化。行业将会通过企业数字化转型完成一轮新陈代谢。在面对企业生死存亡关头的时刻，施工企业不得不顺应数字化转型的社会发展趋势。

2. 施工企业信息化进程任重道远

虽然当前行业普遍认识到了企业信息化的重要性，但是由于传统企业经营理念束缚，以及对信息化整体认知水平的差异，大多数施工企业还处于比较低层级的岗位、工具级别的应用。信息化没能将企业管理和业务生产连接起来反而成了另外一层包装企业形象的"糖纸"。企业投入了大量资金和精力引入了大量的硬件设备、软件系统，但是还是没有给企业核心竞争能力提供支撑。很多企业一方面抱怨缺少专业人才，一方面却忽视专业人才培养，拒绝建立信息化人才晋升通道，错误地将信息化部门视为成本中心。这些都是当前行业信息化发展不可回避的现实问题，并且这些问题很难通过企业的内生动力得到完美的解决。只要市场还能提供粗放经营者的生存空间，通过信息化手段实现精细化管理所产生的价值就很难得到尊重。中国内地目前建筑施工一线劳动力年龄大约在四十多岁，中国香港地区是五十多岁，也许内地十年之后的劳动力情况也会和香港地区一样。随着劳动力、材料成本的增加，市场留给竞争者的空间就会不断收窄，这个阶段可能是五年、十年，甚至更长。但这段时间也是难得的施工企业数字化转型窗口期。利用这个时期，深度发掘企业需求，以创效为目标，做好基础 IT 架构设计，系统性地完成企业数据治理工作，以数据驱动为支点，利用信息化新技术撬动企业流程再造的过程任重道远。

3. 新理念、新技术、新应用百花齐放

在施工企业数字化的进程中，由于目前还没有完全成功案例可以参考。因此，各级政府、企业、专业学者都还在进行不断地探索、试错。在这个阶段也必然会出现大量的新理念、新技术、新应用。比如当前数字建造、智能建造、智慧建造、智慧工地、智慧化施工等大量新名词的出现；在施工现场 VR、AR、BIM、GIS、IOT、大数据、云计算、5G 技术、区块链技术的引入；劳务实名制、施工现场环境监控、塔吊防碰撞、高支模、深基坑监测、安全质量 APP 管理等应用落地使用。这些技术、应用产生了数量巨大、类型多样、格式众多、用途各异的数据。为了解决数据的问题又衍生出了新的数据存储和传输技术。突然看去这些内容纷繁复杂，大有落花简直迷人眼的意味。

作为行业的从业者，面对如此众多的新知识，应该立足科技是生产力总方向，深度发掘新技术创效的能力，给新技术应用创造条件，任何尝试都可能是行业变革决定性力量。其中应该格外关注以下几个方面：

1）建筑信息模型技术（BIM）。BIM 是当前施工信息化最为重要的技术。BIM 具有可视化、可模拟、可优化、可协调、可出图等重要特性。通过 BIM 技术可以在虚拟世界创建、模拟一个建筑的全生命周期的各种可能，并把不同的生产要素、资源条件有效地链接在一个平台。BIM 是施工企业数字化的基础，掌握 BIM 这个工具，才具备打开施工企业数字化转型大门的钥匙。

2）高精度的测量和定位技术。测量是建筑施工的基础，只有更高效率的测量和定位技术才能有效地链接虚拟世界的业务模拟和现实世界的施工过程。数字孪生才有实现的可能。

3）物联网。物联网与测量同等重要。也是虚拟世界感知现实世界的重要手段。

4）5G 技术。在未来信息领域 5G 的战略重要性已经是普遍认知。5G 之所以重要不仅仅因为它提供更快的数据传输速度，而是它能提供超越以往低时延。这让工业互联网可靠的控制成为可能。

5）大数据与人工智能。大数据和人工智能给建筑施工领域提供系统性整理自身数据的可能性。并且让决策者有机会将数据用于分析，形成对现实世界施工的具体指令。

6）区块链技术。区块链技术是分布式数据存储、点对点传输、共识机制、加密算法等计算机技术的新型应用模式。是一种去中心化的分布式账本数据库，其数据库拥有分布式、不可篡改的核心性质。区块链两大核心性质——分布式记账与存储。

分布式记账：区块链不需要依赖一个中心机构来负责记账，节点之间通过算力或者权益公平地争夺记账权，这种竞争机制实际上是区块链与传统数据库最大的区别之一。通过"全网见证"，所有交易信息会被"如实地记录"，而且这个账本将是唯一的。在传统复式记账中，每个机构仅保存与自己相关的账目，但往往花费大量的后台成本进行对账与清算，这种低效的方式将被区块链彻底变革。

存储：由于网络中的每一个节点都有一份区块链的完整副本，即使部分节点被攻击或者出错，也不会影响整个网络的正常运转。这使得区块链相比传统数据库具有更高的容错性和更低的服务器崩溃风险，同时由于每个节点都有一份副本也意味着所有的账目和信息都是公开透明、可以追溯的。所有参与者都可以查看历史账本、追溯每一笔交易，也有权公平竞争下一个区块的记账权，这是传统数据库无法做到的。

区块链技术能够广泛服务于支付清算、票据、保险等金融领域以及供应链管理、工业互联网、产品溯源、能源、版权等实体经济领域。几乎所有行业都涉及交易，区块链通过数学原理而非第三方中介来创造信任，可以降低系统的维护成本。通过区块链实现数据的安全性与可靠性。

7）自动化机械。自动化机械是施工劳动力解放、标准化生产、提高施工质量的终极利器。所有通过虚拟模拟、实体感知、智能分析所形成的结果最终都要通过形成的指令作用到自动化机械，以实现完成自动化的目的。

3.2　施工信息化技术应用

信息化技术在建筑领域的应用越来越广，随着 BIM、云计算、大数据、物联网、移动通信、人工智能等信息技术的发展，施工信息化管理效率和管理能力将有大幅度提升。不仅促进工程施工技术水平和管理水平的提升，还将彻底改变工地的现状。综合运用施工信息化新技术，围绕人、机、料、法、环等关键要素，与施工技术深度融合与集成，对工程质量、安全等生产过程，及商务、技术等管理过程加以改造升级，使施工管理可感知、可决策、可预测，提高施工现场的生产效率、管理效率和决策能力，实现精细化、绿色化和智慧化的生产和管理。

3.2.1　施工信息化技术应用思路

在项目建设、运营过程中严格按照整体计划及标准，利用信息化、数字化、智能化手段进行项目管理，确保生产过程管理及配套保障到位，通过信息化技术使项目参与各方通力合作，确保交付模型、数据成果的精度和完整性。结合优势资源，以智能、绿色、创新的管理需求为牵引，综合应用互联网络、5G 传输、物联网、高精度测量等技术，采集项目数据，通过对海量数据进行系统性的分析，全面感知施工现场变化，实现提升生产管理、减少风险、提高产品质量、把控生产进度的目标。

结合各项目工程特点，通过基于 BIM＋智能建造技术将整个工程的设计、施工及运维阶段信息串联起来，方便各方信息的使用、流转与更新。实现 BIM 技术从设计、施工，到业主服务全过程的实施目标，确保施工现场的落地应用。

施工信息化技术应用思路：以模型为基础与工程进展相结合，以工期进度控制为主线，以技术管理、安全管理、材料管理、质量管理、劳务管理、成本管理、设计协调为关键应用方向，提高工作效率。

施工信息化技术应用按照应用价值主要可分为基础应用、价值应用和创新拓展应用。

1. 基础应用

基础类应用指在项目实施过程中，可以开展的为工程建设带来影响力的工作，如帮助提升项目形象的汇报展示、为项目进行竣工效果三维展示等。同时为各项工作创造基础信息化系统运行环境，建立数据传输条件也是重点基础应用。其中包含如计算机局域网络建设、信息化专业设备、服务器系统、机房建设、工地现场通信网络建立、BIM 技术的各专业模型建立、构件族绘制、场景渲染等三维软件工作；也包含，如现场网络配备、监控球机布设等信息化配套基础工作，这类应用任务耗费人力物料，但却是整体信息化管理及BIM应用工作中不可缺失的重要先决条件和基础任务。

基础类工作需要提高重视，规范化安排及组织，严格把控质量和完成时间，才能确保基础工作后续的各项应用顺利开展。一个项目信息化工作的优劣，往往就看团队基础工作是否扎实、平稳和全面。

(1) 项目信息化实施策划

在信息化工作开展前期制定项目信息化实施策划。根据工程项目类型及项目现场实际情况，进行项目的BIM实施策划工作。明确BIM工作实施组织架构、管理模式、软硬件配置和统一项目各参与方的管理职责、工作界面、职责划分、赏罚措施、执行标准等，形成可执行的工作办法与成果样例。针对项目执行周期和项目特点规划未来各阶段信息化技术应用方向及工作目标。将未来可能影响决策的因素进行总结，对未来项目开展起到指导和管控作用，以达到工作目标。

(2) 培训

企业及项目部要注重培养具备BIM能力的复合型人才，为方便BIM工作更好地开展，项目前期须对相关工作人员进行BIM集中培训，使项目人员具有统一的BIM认知并掌握基本的BIM技术操作和相关应用。在此基础之上建立数据协同工作工具，指导项目各方能协同使用BIM模型及其交付成果，保证数据信息传递的时效性和标准化。

(3) 基础建模

三维模型是信息化工作的基础，信息化工作在项目执行过程中应依据项目策划中的建模标准，采用符合项目需求的建模方式进行三维模型的建立。在项目实施过程中，三维模型应作为项目各方工作流转资料之一，根据工程实施情况进行三维模型的优化和维护，在项目竣工后基础模型可作为电子数据移交给物业公司进行运维工作。

(4) 可视化管理

三维模型具有可视化的特点，是信息化工作的基础。在信息化工作开展前期，可视化工作在建筑业的作用非常大，如在二维图纸中，只是采用线条绘制表达各个构件的信息，但是其真正的构造形式就需要建筑从业人员自行想象。然而BIM技术将以往线条式的构件形成三维的立体实物图形，展示在人们的面前，提供了可视化的思路；现在建筑业也有设计方面的效果图，但是这种效果图仅含有构件的大小、位置和颜色的信息，缺少不同构件之间的互动性和反馈性。而BIM提到的可视化是一种能够在同构件之间形成互动性和反馈性的可视化，由于整个过程都是可视化，可视化的结果不仅可用于展示效果图和生成报表，更重要的是，项目设计、建造、运营过程中的沟通、讨论、决策都在可视化的状态下进行。

同时由于项目宣传是企业形象展示的窗口，因此可利用可视化管理的特点，为项目宣传锦上添花，从而提升企业形象。

(5) 项目信息化管理平台布设

工程项目从周期角度包含设计、施工组织实施、后期运维。因此项目实施要涵盖项目的不同阶段，兼顾各方协同需求，才能实现信息化技术各项应用价值。

在项目中通过上线信息化管理平台，作为承载项目BIM模型及工程建设信息的载体，并在工程建设过程中为各方提供一致、准确的共享信息。为业主与项目设计团队、总承包单位及其他参与方提供全面的项目管理界面，为后期数字化资产交付提供平台支撑。它具备以下功能特点：

1）协同、归档、检索多方数据信息，各专业数据兼容，保障数据唯一。

2）采用统一标准流程进行各参与方日常工作管理、任务计划、流程审批、权限分配、后台数据管理。

3）项目管理：图纸管理、模型管理、工况汇报、项目进度及成本分析、质量管理、会议记录。

4）数据集成：数据格式转化、模型叠合、数据信息导入及导出、安全管理、数据检索、统计分析。

5）配套 APP：实现移动式现场办公，包含图纸模型查阅、信息记录及上传、升级与更新等功能。

6）模型轻量化交付、三维数字资产管理、健康监控、信息提醒、数字楼书等运维阶段拓展功能。

2. 价值应用

价值应用是在基础类应用合理完成的条件下，可以开展的为工程建设带来利益及优势的各项工作，如帮助提前排查问题的专业图纸检查、为施工队伍进行的三维交底等。

价值应用能够为项目带来利益甚至直观的利润，但想一步到位是非常困难的，它不但需要提前策划组织、明确目标、配套相关资源及技术、多部门甚至多方的配合，还要各项扎实的基础应用在前期铺平道路，实施过程中更要计划合理、管理到位、流程清晰、责任到人，才能成就各项有效应用。

（1）设计验证

传统的方案设计采用的是平面化的设计方法，在进行方案设计过程中，除规范规定的要求外，更多的是靠设计师个人的经验和直觉。应用 BIM 技术的可视化特点可以缩短项目的施工周期、减少项目投入成本、控制施工进度、提高安全管理、提升设计质量和效率。

设计阶段的工作主要是依据设计要求建立三维模型，并分析与设计环境的基本关系，提出空间建构设想、创意表达形式及结构方式、机电方案的初步解决方法等，目的是为设计后续阶段的工作提供依据及指导性文件。

（2）深化设计

施工深化设计主要目的是提升深化后建筑信息模型的准确性、可校核性和指导施工。将施工操作规范与施工工艺融入施工作业模型，使施工图满足施工作业需求。施工单位依据设计单位提供设计模型，结合施工特点及现场情况，完善可表示工程实体即施工作业对象和结果的施工作业模型。该模型应当包含工程实体基本信息。BIM 技术工程师结合自身专业经验或与施工技术人员配合，对建筑信息模型的施工合理性、可行性进行甄别，并进行相应调整优化，对优化后模型实施冲突检查（图 3-1、图 3-2）。

（3）三维交底

在遇到复杂工艺、施工机械化程度高、施工安全保证措施要求高的工程项目，在施工开始之前，施工单位可以利用 BIM 技术进行项目的施工模拟和仿真，可以提前发现不同

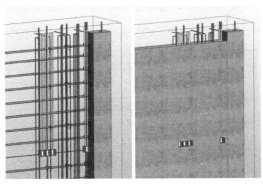

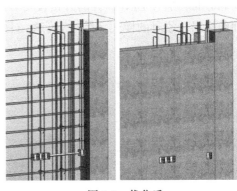

图 3-1　优化前　　　　　　　　　　　　　图 3-2　优化后

工艺做法的优缺点，确定最优的施工工艺做法；通过模拟现场施工过程，对施工流程进行优化；也可以模拟施工现场安全突发事件，完善施工现场安全管理预案，排除安全隐患，从而避免和减少质量安全事故的发生。利用 BIM 技术还可以对施工现场的场地布置和车辆开行路线进行优化，减少施工材料场地内二次搬运，提高垂直运输机械的工作效率，加快装配式建筑的施工进度。这些模拟一方面帮助施工技术人员进行了工序和方案优化，成果更可以直接用于对劳务人员的工作交底，有效解决了目前劳务队伍对于装配式施工工艺不熟悉导致工期延误的成本增加（图 3-3）。

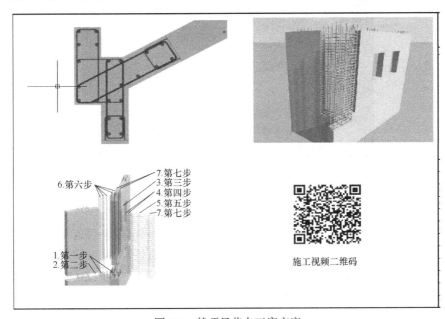

图 3-3　某项目节点工序交底

（4）方案模拟

结合本项目特点和技术难点，对重要节点采用 BIM 技术展示施工工艺流程，对复杂技术方案的施工过程和进度进行模拟，检查各工作之间的逻辑关系是否准确、进度计划的时间参数是否合理，同时实现施工方案可视化交底，避免由于语言文字和二维图纸交底引起的理解分歧和信息错漏等问题。同时通过 BIM 模型也可以清楚地看到房屋内管线的走向和分布；通过 BIM 软件的外接设备，如 VR 设备等，可真实地漫游场景，浏览查看房间的格局、家具的样式、尺寸等信息（图 3-4）。

图 3-4　方案模拟

（5）可视化汇报

以三维动画形式展示工程项目概况、重难点、施工组织、工艺工法、科研技术创新等内容辅助项目进行各类汇报工作，提升项目汇报实力（图 3-5）。

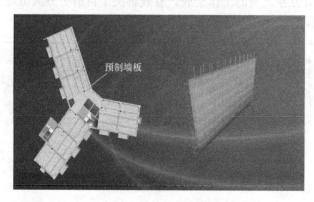

图 3-5　宣传片制作展示

（6）项目管理

将信息化技术应用到项目管理工作中可使项目实施结果前置，可以在施工之前及时发现问题、解决问题。各个部门的负责人在行使管理职能的过程中通过模型来表达，结合项目管理平台，将工期监控、物资管理、质量安全管理、远程动态监控系统等纳入综合管理范围，用以监控项目工期，进行项目物资管理等工作。从而减少各部门之间的沟通困难，大大节省时间，提高效率（图 3-6）。

3. 创新拓展应用

创新拓展应用定义为源于用户需求、为用户带来价值的创新应用设计，是以用户为中心，置身用户应用环境的变化，通过用户参与创意提出到技术研发、验证与应用的全过程，发现并解决用户的现实与潜在需求，通过各种创新的技术与产品的应用，推动项目管理的创新。创新拓展应用须源于切实落地的需求，当基础应用和价值应用无法满足现实需求时，通过基于现实需求，为项目带来创效的应用设计。如，帮助项目定期记录现场情况

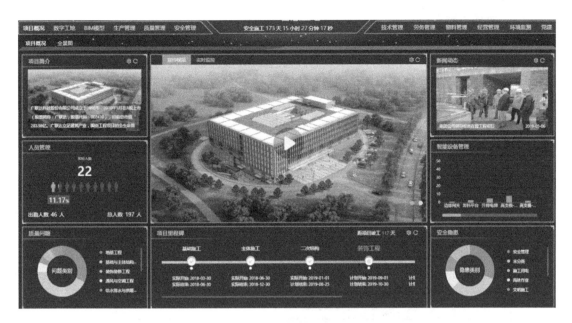

图 3-6 软件平台

的无人机和监控系统；帮助业主快速了解项目现场进展的虚拟现实技术、提高现场信息化效率的各类平台及移动端应用等。

（1）三维扫描

通过三维扫描，对现场完成工作面进行点云模型建立，一方面通过与 BIM 模型进行比对，辅助完成工作面的垂直度、平整度等质量检查工作；另一方面通过三维扫描模型的积累建立三维楼书交付体验，方便使用者查询施工过程数据，包括管线走向、阀门开关位置、相关设备的厂家维护信息等，为业主提供运维数据（图 3-7）。

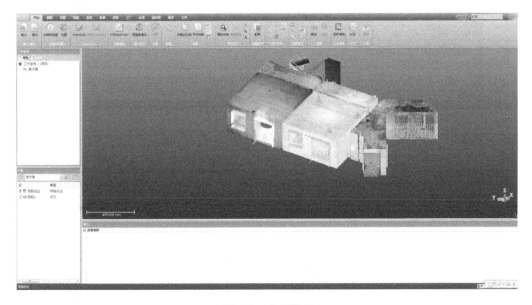

图 3-7 点云模型

（2）放样机器人

传统施工测量放线，借助 CAD 图纸使用卷尺等工具纯人工现场放样的方式，存在放样误差大、无法保证施工精度，且工效低。通过 BIM 放样机器人与 BIM 模型相结合，将 BIM 模型中的数据直接转化为现场的精准点位，使 BIM 模型应用落到了实处。BIM 放样在工作效率及放样准确性上远远高于传统人工测量放样，且具有快速、精准、智能、操作简便、劳动力需求少的优势，尤其提高了异性曲面施工的技术水平，同时也促进了信息技术在项目上的应用深度（图 3-8、图 3-9）。

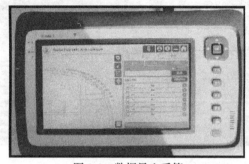

图 3-8　数据导入手簿

图 3-9　可通视点架站

（3）无人机航拍

通过无人机航拍的实施，可以快速了解项目周边情况，展示项目场地的实际情况，方便项目据此作出不同阶段的整体施工部署、场地布置、交通组织规划等，并随着现场实际变化随时进行调整（图 3-10）。

图 3-10　无人机航拍展示周边情况

同时根据无人机航拍的影像资料，可以形成真实有效的项目施工记录，通过定期使用无人机拍摄施工场地进行实景全景建模，可浏览模型全方位表现场地实际工况，为项目施工过程记录、汇报展示等提供素材。还可以帮助项目现场计算土方开挖量和土方回填量，并在施工过程中通过定期航拍进行工程量的监测与跟踪。

（4）虚拟现实

通过全景 VR 技术，可以将 BIM 模型的交付和应用进行扩展，使用者不再是在电脑上安装软件后对 BIM 模型进行浏览和查询，而是可以同 VR 眼镜、触摸设备等，提供使用者与 BIM 模型之间的互动演示，为项目展示、施工交底工作、虚拟样板展示和全景看房等各方面，提供了一种更为落地和可接受的应用方式。建立 VR 体验馆，VR 安全体验区通过视觉、听觉、语言、动态动作等四种不同表现方法，采用平面、立体的或三维的三种不同的表现方式，让大家亲自参与其中，亲自感受。分别从高处坠落、物体打击、火灾预演、机器伤害等多方面体验模拟真实的安全事故，通过模拟实际操作进行设备施工安装的技术交底，并可反复练习考核成绩（图 3-11）。

图 3-11　项目 VR 样例展示

（5）3D 打印

通过 3D 打印技术，可以结合 BIM 模型，直接对整体模型或是局部节点模型进行打印，展示工程整体外观效果、结构形式、细部节点关系等，形成实体 BIM 模型沙盘，辅助项目展示、交底等工作（图 3-12）。

图 3-12　3D 打印成果展示

3.2.2　施工信息化在建筑业十项新技术中的应用

施工信息化在建筑业中对传统建筑企业与工程管理模式工作方法的转变、企业工程管理的经济与社会效益的提升、企业综合竞争力的增强和科技进步水平的提升具有重大作用。现阶段施工信息化在建筑业中的开发应用已经从单项应用走向集成应用和协同应用的发展需求道路。

通过使用项目管理平台实现智慧分析生产要素管控的能力。平台功能具备数据分析能力、报警能力、工单管控能力、绩效考核评价等能力，并以 BIM 技术为基础，以进度为主线，通过生产要素的分析，实现对项目的人、机、料、法、环的智慧管控。

可以将施工现场的施工过程、安全管理、人员管理、绿色施工等内容，从传统的定性表达实现定量表达，最终实现工地的信息化管理。如，智慧工地项目中的监控系统，通过自动化物联网系统的实施，能够根据设备的工况对现场的超限、特种作业人员合法性、设备定期维保等内容进行自动控制和数据上报，实现对物的不安全状态的全过程监控；基坑自动化监测系统的应用能提前发现各重大危险源的安全状况，能更早地发现安全隐患，提醒项目部在发现安全隐患时做出针对性的技术解决方案，从而规避安全风险，并能进一步节约成本，减少不必要的浪费。

通过物联网的实施，能将施工现场的塔吊安全、施工升降机安全、现场作业安全、人员安全、人员数量、工地扬尘污染情况等内容进行数据自动采集，危险情况自动反映和自动控制，并对现场数据进行实时记录，为项目管理和项目信息化管理提供数据支撑。

通过移动办公 OA 系统的实施，可以实现建筑公司与项目部之间，项目部各参建方之间的移动办公、数据记录、文件中转减轻人员的工作强度，降低办公成本，便于信息检索。同时进一步明确了岗位职责，降低管理风险。

通过人员实名制、VR 安全教育、工地进场前的安全教育、无线 WIFI 的安全教育等内容相结合，可以进一步提高项目部工人的安全意识，提高安全技能、规避安全风险，从而实现对人的不安全行为进行安全管理。并安装易检、安全移动巡更系统、机管通、工地视频监控系统、人员定位系统、危险区的管理系统等，可以自动对环境的不安全因素进行实时跟踪，从而可以提前发现安全风险、规避安全事故、减轻安全责任。

通过 BIM 技术结合施工现场施工方案、施工工序、工艺需求进行施工过程的可视化模拟，并对方案进行分析和优化，实现施工方案的可视化交底，可以提高方案审核的准确性。并将各专业三维模型进行整合，在设计阶段解决错、漏、碰、缺等问题，优化设计方案，提升施工各专业的合理性、准确性和可校核性。同时通过 BIM 技术将三维模型与项目实际进度情况相关联，可以分析项目实际进度情况，从而实现对项目进度的虚拟控制与优化。

施工信息化新技术还体现在建筑物检测和测量技术中的应用。如通过三维激光扫描仪，可以进行装饰面、屋面的平整度检测及幕墙安装前钢梁上的连接件定位检测；通过无人机进行项目进度管理的同时，还可以通过航测模型进行基坑土方量的计算工作，提高项目工作效率；通过放线机器人可快速、精准、智能地将三维模型中的数据直接转化为现场的精准点位，操作简单可减少劳动力。

1. 基于 BIM 的现场施工管理信息技术

基于 BIM 的现场施工管理信息技术是指利用 BIM 技术，并借助移动互联网技术实现施工现场可视化、虚拟化的协同管理。在施工阶段结合施工工艺及现场管理需求对设计阶段施工图模型进行信息添加、更新和完善，以得到满足施工需求的施工模型。依托标准化项目管理流程，结合移动应用技术，通过基于施工模型的深化设计，以及场布、施组、进度、材料、设备、质量、安全、竣工验收等管理应用，实现施工现场信息高效传递和实时共享，提高施工管理水平。

（1）在施工总平面布置中的应用

为了保证项目开展过程中不影响到周边环境及功能的正常使用，同时又能确保本项目的正常按时施工，对于施工场地的整体空间管理提出了很高的要求。在 BIM 模型中建立围挡、办公区、道路、塔吊、构件堆放区等施工临时设施族文件，构建可进行施工场地规划的 BIM 整体模型，进行全方位、动态管理，提升管理效率。

施工是否能够有效地进行，与现场平面布置有着极大的关系，现场布置合理则施工进度、安全均能够得到极大的保证。BIM 技术具有丰富的信息及可视化等特点，可以有效地辅助施工现场布置，规划大型机械位置及交通组织工作。

施工现场场地布置 BIM 模型也为安全施工提供了更好的保障。通过模型交底，能让现场人员更直观地了解各自的工作界面划分以及相关区域的使用情况，减少因为互相占用场地导致的纷争以及施工延误。同时现场管理人员也可以通过对模型和现场情况的比对，更加清晰地判别现场场地空间使用状况，及时对使用不当处进行整改，保证项目顺利实施。

（2）在施工方案中的应用

项目的施工模拟主要依据施工方案策划施工模拟，实现施工生产进度全推演。一般项目施工模拟主要分为以下几部分内容：

1）施工进度模拟

施工模拟可快速直观地将整个项目的施工过程展示在人们的面前。将项目 BIM 模型与项目实际人工、材料、机械等因素相结合，通过相关软件分析实际现场施工进度情况，并将优化后的进度计划及相关内容进行整合，形成进度分析报告。

定期进行施工模拟工作，可根据现场实时现状，推演未来施工现场施工情况，并根据工期滞后或提前的结论，分析未来一周的施工工作是否合理，从而实现整个项目主要工期的宏观施工进度控制的管理（图 3-13）。

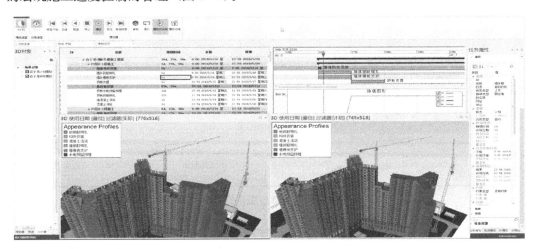

图 3-13　施工模拟

2）施工工序模拟

施工工序模拟主要是对复杂技术方案的施工过程和进度进行模拟，检查各工作之间的逻辑关系是否准确，进度计划的时间参数是否合理，同时实现施工方案可视化交底，避免由于语言文字和二维图纸交底引起的理解分歧和信息错漏等问题（图 3-14）。

图 3-14　施工工序模拟

3）三维交底

施工重难点部位，通过图纸对现场工人进行指导，平面图和文字表达难以将技术要点描述清楚。利用 BIM 精细化的三维模型，无论是查看模型还是扫描二维码的可视化手段，均可以便捷查看三维模型，全方位展示重难点部位，标注重点注意事项，以指导工人正确合理施工（图 3-15）。

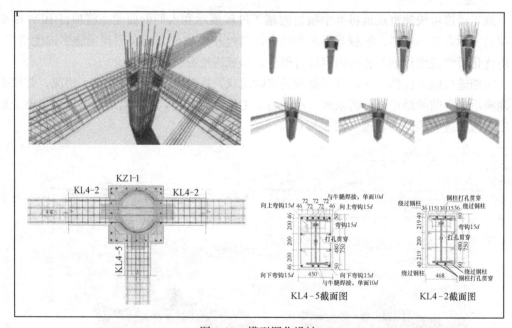

图 3-15　模型深化设计

利用 BIM 技术可视化、协调性的特点，针对项目管理中较为复杂的机电管综、钢构节点、装配式构件等工作，可辅助其进行深化设计工作，并于深化后具有可出图性，即可通过三维模型直接出具项目效果图和二维图纸，可指导项目现场的材料采购、加工和安装，大大提高了工作效率。同时，还可以结合项目应用需求对各类施工复杂问题，如净空分析、室内布砖等问题进行深化设计和软件开发（图 3-16～图 3-18）。

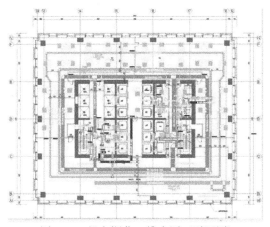

图 3-16　机电深化二维出图（平面图）

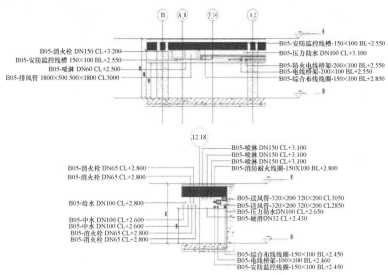

图 3-17　机电深化二维出图（剖面图）

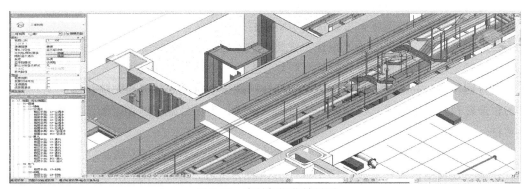

图 3-18　支吊架深化效果图

（3）在项目成本管理中的应用

BIM竣工模型集合丰富的参数信息和多维度的业务信息，提高不同阶段和不同业务的成本分析和控制能力。同时，在统一的三维模型数据库的支持下，从最开始就进行了模型、造价、流水段、工序和时间等不同纬度信息的关联和绑定。在过程中，能够以最少的时间实时实现任意纬度的统计、分析和决策，保证了多维度成本分析的高效性和准确性，以及成本控制的有效性和针对性。

同时，BIM模型的辅助，使涉及招采的扩初图纸质量提高，明显减少各项错漏，在发布蓝图的同时，以三维模型作为附件参考，直观易懂，复杂区域节点、功能作用、设计概念在二维加三维加信息的条件下一目了然，免去了多方平面读图差异造成的与设计反复确认、质询等情况，加快整体速度。并安排BIM人员全程配合甲方需要，与专业设计师共同完成工作，保障专业设计出图报审时间节点。

（4）全景相机在施工过程管理中的应用

通过全景拍摄及完整记录施工过程，在对外部或室内环境拍摄360°（图3-19）。

图3-19　项目实景全景

通过模型出具全景效果图，在竣工前为领导及业主展示竣工效果，表达竣工效果。通过全景时，需通过直接拍摄及主要转角加设站点的方式进行拍摄，保证了浏览的直接性及清晰度，同时确保整体拍摄的完整性（图3-20）。

（5）无人机在施工过程管理中的应用

通过无人机航拍的实施，可以快速了解项目周边情况，展示项目场地的现实情况，协助项目进行整体施工部署、场地布置、交通组织规划、土方开挖等工作，并随现场实际变化随时进行调整。同时根据无人机航测照片建立模型，还可以帮助项目现场计算土方开挖量和土方回填量，并在施工过程中通过定期航拍进行项目量的监测与跟踪。根据无人机航拍的影像资料，可以形成真实有效的项目施工记录，为项目施工过程记录、汇报展示等提供素材。

（6）三维激光扫描仪在施工过程管理中的应用

在项目建设中引入三维扫描仪先进技术，对项目进行基于BIM模型的质量的项目验收，建立三维楼书。实现本项目的隐蔽项目的体现，便于后期的施工和运营（图3-21）。

图 3-20 虚拟全景

图 3-21 三维扫描成果（一）

1）基于三维激光扫描仪在施工质量中的应用

本项目计划建立三维模型，评定部件制作精度，虚拟部件拼装过程，避免出现大型构件在施工现场无法安装的情况；在施工过程中，通过三维激光扫描仪跟踪施工，全过程扫描施工过程，实时评价构件的位置偏差和安装精度，建立三维激光扫描复测原则，提升项目质量，并指导下一步施工。

2）基于三维激光扫描仪在施工控制中的应用

本项目计划采用全站仪和三维扫描仪对控制目标上几个特征点进行三维坐标测量，快速准确反映控制目标少数几个点的变形。同时对重点控制区域采取放置标靶的方法与其他区域进行区分。对基坑进行三维扫描并结合三维模型和设计要求，确定各阶段各个部位的变形情况，受到有效控制。设置控制网，将施工控制网与自动施工匹配。

3）辅助数字楼书工作

通过激光扫描的方法，实现快速大量地采集空间点位信息，建立三维影像。完整地保存施工现场信息，采用三维激光扫描技术手段来进行前期的数据采集，详尽记录施工各项信息。通过数据处理绘制出各种建筑图纸，为后期建筑信息管理系统的建立提供基础数据（图 3-22）。

图 3-22　三维扫描成果（二）

（7）基于 BIM 技术的质量安全及环境保护应用

1）综合各专业的模型成果，对项目进行漫游模拟，查找项目现场可能存在的安全隐患，及时做出安全防护部署，并建立防护体系；

2）利用 BIM 模型对施工现场关键生产安全控制进行分析，建立 BIM 标准化安全防护及绿色文明施工模型，做到现场安全防护搭设井然有序；

3）建立现场 VR（虚拟现实）安全体验馆，借助相关软件的 VR 接口，将搭建好的 BIM 模型传输到 VR 设备，相关人员可通过 VR 设备 360°沉浸式体验项目的每一个建造细节及建造阶段。

2. 基于大数据的项目成本分析与控制的信息技术

基于大数据的项目成本分析与控制信息技术，是利用项目成本管理信息化和大数据技术更科学和有效地提升工程项目成本管理水平和管控能力的技术。通过建立大数据分析模型，充分利用项目成本管理信息系统积累的海量业务数据，对"工、料、机"等核心成本要素进行分析，挖掘出关键成本管控指标并利用其进行成本控制，从而实现工程项目成本管理的过程管控和风险预警。

通过 BIM 相关软件将三维模型与施工进度和相关成本信息结合形成项目的 BIM 5D 模型，通过该模型可以实现按时间、按区域、按构件查询项目量的功能，及人工、材料、机械等资源的动态管理和项目成本的实时监控。不同维度的项目量分解不仅可以帮助业主或总包单位实时掌握项目的完成情况，为阶段性结算提供数据基础，也可以满足不同项目结算的不同要求，如按月结算、按专业项目结算、按分部分项项目结算等，快速的项目量统计在很大程度上提高了成本管理人员的工作效率。

通过 BIM 模型结合每日项目现场情况，根据收集到的项目现场数据可以实时跟踪项目进展，将前期计划量和施工过程中的实际量进行对比，形成多算对比分析曲线图。从以上可以直接读取不同阶段项目计划成本与实际成本之间的偏差量，根据偏差结果分析项目的完成情况、完成效果，若是成本偏差过大，可以立即采取措施减少成本流失浪费，实现成本实时监控，减少了项目预算超支现象的发生。

3. 基于云计算的电子商务采购技术

基于云计算的电子商务采购技术是指通过云计算技术与电子商务模式的结合，搭建基于云服务的电子商务采购平台，针对项目的采购寻源业务，统一采购资源，实现企业集约化、电子化采购，创新工程采购的商业模式。通过平台应用，可聚合项目采购需求，优化采购流程，提高采购效率，降低工程采购成本，实现阳光采购，提高企业经济效益。

平台功能主要包括：供应商管理、采购计划管理、互联网采购寻源、材料电子商城、订单送货管理、采购数据中心等。其技术内容如下：

1）采购计划管理：系统可根据各项目提交的采购计划，实现自动统计和汇总，下发形成采购任务；

2）互联网采购寻源：采购方可通过聚合多项目采购需求，自动发布需求公告，并获取多家报价进行优选，供应商可进行在线报名响应；

3）材料电子商城：采购方可以针对项目大宗材料、设备进行分类查询，并直接下单。供应商可通过移动终端设备获取订单信息，进行供货；

4）订单送货管理：供应商可根据物资送货要求，进行物流发货，并可以通过移动端记录物流情况。采购方可通过移动端实时查询到货情况；

5）供应商管理：提供合格供应商的审核和注册功能，并对企业基本信息、产品信息及价格信息进行维护。采购方可根据供货行为对供应商进行评价，形成供应商评价记录；

6）采购数据中心：提供材料设备基本信息库、市场价格信息库、供应商评价信息库等的查询服务。通过采购业务数据的积累，对以上各信息库进行实时自动更新。

4. 基于互联网的项目多方协同管理技术

随着国家、政府、行业对"数字中国"的建设进程的不断深入，建筑行业开始思考行业的数字化变革升级，施工企业对"数字化""在线化""智能化"的转型升级需求越来越旺盛，项目现场对基于互联网的项目多方协同管理技术的需求、探索、建设和落地应用的诉求也日益迫切。

互联网的项目多方协同管理技术围绕建设工程项目的全生命周期，是提供以建设工程领域专业应用为核心基础支撑，以产业大数据、产业新金融等为增值服务的平台服务商。该技术可以定义为：综合应用 BIM 和云、大、物、移、智等数字化技术驱动工程施工现场管理升级的新型技术手段，通过对施工现场人、机、料、法、环等各关键要素的全面感知和实时互联，实现工地的数字化、在线化、智能化，从而构建项目、企业和政府的平台型生态体系。企业需要对标行业内领先的智慧工地建设标准，结合本项目的现状，建立以云平台为基础、以数据为核心、以云平台＋成熟的物联网智能终端工具全面应用替代旧有的施工现场管理模式为形态，以在线化、可视化的决策分析为表现，利用科学技术手段助力工程项目、企业、建筑行业的智能化建设进程，从而助力"数字中国"的建设。

图 3-23　移动端展示项目现场材料数据

5. 基于移动互联网的项目动态管理信息技术

随着现代科技的不断发展，社会已经进入到了全民网络的时代，移动设备不但越来越普及，其性能也越来越高。无论时间和地点，都可以通过移动设备浏览并处理未完成的信息。为方便项目管理人员工作，基于工程项目设计一套基于移动互联网技术的实时、动态的信息管理系统，用户登录手机软件可快速浏览工程施工人员状态，还可了解项目用电安全情况，并对出现的异常能及时通过预警方式向各安全负责人员提醒存在的安全隐患，实现在项目各阶段的信息管理工作，随时随地掌握施工情况，实现跨地域工程管理（图 3-23）。

6. 基于物联网的工程总承包项目物资全过程监管技术

物资管理是工程建设的重要环节，由于物资产品种类繁多，可对物资采购管理实行科学化、信息化管理，旨在优化物资采购模式，降低综合成本，保障工期。通过信息化系统工作，在采购计划、采购控制、招标要求三个方面运用 BIM 信息化成果，将高速、高效、保质、保量地完成招标任务。

（1）物资管理软件

为满足统计采购的物资信息，针对专业设备的招采计划，根据设备参数，开发物资管理系统软件，以满足企业单位物资信息管理的实际要求。利用信息化平台与物资平台关联，使管理者方便快捷地了解项目物资需求、现场物料消耗情况，结合资金及供应现状，在保证材料需要的前提下，制定最优采购方案与计划。

在项目建造阶段，通过建设工程材料管理软件，结合项目的设计、施工过程将有明确的进度控制，所有重要的采购任务将在平台中明确其周期与节点，以及相配套的技术任务。任务关联后，可清晰地向招采部门显示该招采任务是为哪些区域、范围、劳动队伍或工序所提出的材料需求服务的，同时所有与该采购任务关联的任务被查看时，同样可以查询采购计划及进度，做到采购信息化。

建设工程材料管理软件适用于施工企业及项目部，以"量控"为核心，贯穿从测算开始到最后核算分析全过程，满足项目经理、商务经理、预算员、施工员、采购员、库管员、材料会计在同一平台上协同应用需求。软件以预算材料为参考、以总量计划为基准、以需用计划为手段，通过基础数据的快速录入，实现各个业务环节的日常工作，高效替代。借助核算、分析、报表、预警等形式及时掌握计划偏差、采租情况、材料消耗、资金使用，实现操作层不同角度的分析，以及领导层不同角度的分析和监控，从而避免材料浪费，降低材料成本（图 3-24）。

（2）物资称重管理系统

物资称重计量管控系统是企业物资管理实现标准化、信息化、精益化的一项重要举措，同时也是提高企业对项目引领、监督、服务职能的一个重要手段。通过物资称重计量管控系统的应用，可以达到规范物资管理流程、提升项目物资管理品质、堵塞物资管理漏洞的目的。

一般称重系统称量过程由人工操作，过程中有多人监督，管理人员不足的情况下甚至

图 3-24　平台展示项目现场材料数据

无人监督，称量操作人员可以更改过磅数据，不仅耗用了大量人力，且存在管理漏洞。而物资称重计量管控系统称重计量过程由人工操作改为电脑操作，其监控功能可以对称量过程进行全程视频监控，并在过磅数据保存的同时抓拍现场照片，视频录像、照片及过磅记录自动关联并永久存入数据库中备查。通过网络搭建使称重系统与总部网络连接，过磅人员及各部门拥有不同权限，综合对地磅进行实时监控，公司分公司相关人员可通过物资称重计量管控平台查询称重计量相关数据，从而达到有效威慑企图作弊人员的目的。

物资称重计量管控系统还可根据过磅记录自动生成报表，并可与企业现有项目管理信息化系统进行对接，自动从项目管理信息化系统中抓取采购订单、采购合同中相关数据，将进场数量与采购订单数量、实收数量偏差与合同允许偏差自动进行对比分析，物资超计划进场或实收数量偏差超出合同允许偏差时系统会自动报警，从而为物资进场验证提供依据。随着计算机和网络技术的不断发展，现在的建筑施工企业都越来越重视自身的信息化建设，物资称重计量管控平台通过完善强大的权限管理模块，为企业的网络信息化建设提供了安全可靠的保障。

7. 基于物联网的劳务管理信息技术

基于物联网的劳务管理信息技术是指利用物联网技术，集成各类智能终端设备对建设项目现场劳务工人实现高效管理的综合信息化系统。系统能够实现实名制管理、考勤管理、工资监管、视频监控管理、安全教育管理、后勤管理以及基于业务的各类统计分析等，提高项目现场劳务用工管理能力、辅助提升政府对劳务用工的监管效率，保障劳务工人与企业利益。

在传统管理模式下，因劳务人员进出频繁而导致的劳务人员综合信息整理不系统、合同备案混乱、工资发放数额不清等难题，往往引起劳务纠纷，给政府管理方造成取证难、调解难等问题，同时也给企业和项目部造成巨大损失。

通过建立劳务实名制系统，选择可靠劳务公司，降低企业风险，促进企业健康发展，依据国家有关法律、法规，并结合公司实际，可坚持以信息化为手段，以落实管理责任为基础，以制度建设为保障，构建统一的建筑项目劳务实名制管理平台。平台中可包含内容如下：

（1）安全教育：利用 VR 技术的高度沉浸感、现实感的特点，将施工现场无法真实模拟的安全隐患和伤害后果引入虚拟现实中，让工人在虚拟场景中体会各安全隐患及所带来的伤害后果，在其心灵上产生触动，引起其心灵深处对安全的重视，起到安全培训深入人心的效果，从而达到安全生产的目的。

（2）质量展示：在项目前期将项目质量样板建成模型，后期项目质量教育体验可通过 VR 全景真实展示，帮助施工人员了解使用质量要求。同时一次建模可多次使用，节省了建设单位重复建设质量样板的成本。

（3）现场人脸识别

在工地的闸机口，设置有人员实名制管理子系统，每位施工人员将正脸对准扫描口，系统将自动识别出身份信息并放行。除了采集身份信息之外，还能准确统计施工人员进出工地的信息，包括：进出时间、进出人数、工种类别等数据，并实时传输到后台监控系统。如此便能有效实行进出人员控制，防止闲杂人等进入，便于施工人员考勤管理。

（4）施工区生活一卡通

随着施工项目精细化管理的深入，项目要求对施工生活区的节水、节电等管理要求更加迫切。"一卡通"系统利用成熟的计算机技术和通信技术将施工现场连接成为一个有机的整体。施工现场的所有人员可以凭一张代表个人身份的智能卡片，实现实名制进场、生活区节水管理和消费管理等结合起来。既体现施工管理的绿色施工理念，又为项目管理节省能源和成本，同时方便对施工工人的高效管理。

（5）消费管理

项目部使用的一卡通中的 IC 卡智能收费机可联网或脱机使用，可以按金额消费、快捷键消费、自动定额消费、分餐计次消费、分餐自动定额消费等多种消费模式消费，具有限额度、限次数等功能。可以打印导出各种财务报表，快捷安全，明细清楚，实现了交易和结算的电子化、智能化，提高了用户的管理效率和管理手段，是"一卡通"的主要组成部分。提前将工人的 IC 卡、工资发放、生活费发放和一卡通消费绑定，即方便项目部的财务结算，也方便工人的人员管理，对实名制 IC 卡的管理也非常有效，有效减少工人丢卡、忘带卡等不合理现象，为项目部的管理提供了有力支撑。

8. 基于 GIS 和物联网的建筑垃圾监管技术

随着我国城市化进程的高速推进，GIS 技术与物联网技术高速发展，各行领域都在向智慧化应用发展，通过应用 GIS 技术对城市建筑垃圾进行管理，实现垃圾治理"减量化，资源化，无害化"目标，使用物联网、GIS 和无线通信等先进技术手段来搭建和研发实时动态的建筑垃圾管理平台，由政府各职能部门协同进行管理的方法。通过管理平台，推进城市经济可持续发展的根本方法，能够有效地控制和跟踪建筑垃圾的产生、运输、处理的全部过程，而涉及建筑垃圾处理的相关部门也可通过该系统平台进行监管，从而防止不法行为的发生。

9. 基于智能化的装配式建筑产品生产与施工管理信息技术

基于智能化的装配式建筑产品生产与施工管理信息技术，是在装配式建筑产品生产和施工过程中，应用 BIM、物联网、云计算、工业互联网、移动互联网等信息化技术，打通装配式建筑产业链中的数据传输通道，全面覆盖标准化设计、工厂化生产、装配化施工、一体化装修、信息化管理和智能化应用。运用 BIM 技术、RFID 传感技术、人工智能、物联网、移动应用等关键技术，对装配式建筑产品生产过程中的深化设计、材料管理、产品制造环节进行管控，以及对施工过程中的产品进场管理、现场堆场管理、施工预拼装管理环节进行管控，实现生产过程和施工过程的信息共享，确保生产环节的产品质量和施工环节的效率，提高装配式建筑产品生产和施工管理的水平。实现装配式建筑全产业链、全方位的信息化集成，有力提升装配建筑建设质量和效率。

（1）基于工业物联网的生产全自动

通过智能工厂信息化管理平台，应用专业 BIM 软件进行预制构件深化设计，使建筑、结构、机电等专业在同一 BIM 平台上协同工作。同时，将深化图纸以数据形式传输到生产管理模块中，进行自动算量、自动识别，实现生产、物料、技术、质量和安全等全方位信息化管控，减少人为失误，并在生产线上配备机械化模具拆装设备、智能布料设备、智慧养护设备和自动化钢筋加工等一系列智能化设备，节约大量人力，极大提高生产效率，实现信息化与工业化高度融合。

利用新技术服务的结合，为施工产业链智能互联提供便利，在大型施工机械、劳务人员、项目材料、建筑本体、工厂生产设备上布设工业级物联网传感器，实现数字服务信息基于 5G、传感器与物联网系统实现全收集。促进产业链机械设备高效智能融合，通过人工智能技术进行分析与关联，保证一体化智能化协同工作与互联互通，提供运营阶段全面感知智能分析与知识共享，实现施工现场无人管控与机械设备全自动化（图 3-25）。

图 3-25 自动化装配式产品生产线

（2）基于 BIM 施工生产进度全推演

以进度管控为项目智慧工地实施核心主线，通过智慧前端感应器的信息自动化采集，手机 APP 端的日常使用，实时获取项目生产进度数据，并且通过 BIM 技术进行生产进度的推演模拟，与实际跟踪，在平台形成任务指令，影响、控制生产进度。实现了项目通过 BIM 技术对施工进度的全推演。

（3）数据全过程共享

通过信息化管理平台开创性地实现多个厂区、多个项目协同生产、协同管理。可根据项目位置、进度等特点，结合不同厂区生产任务，进行智能排产。生产计划制定后，ERP管理系统为每个 PC 构件分配唯一身份信息——基于 RFID 技术的二维码芯片，运用移动终端 APP 对构件进行质量管控、智能存储、智能运输、可视化安装等全程定位跟踪，在关键节点进行人工扫卡，实现自动化和人工辅助同时作业，完全保障产品质量。在运输过程中实时记录每一块预制构件的运输情况，并以虚拟化模型呈现可视化管理，实现构件高效率、高质量生产，为客户提供最优质服务。

10. 装配式混凝土结构建筑信息模型应用技术

目前，我国建筑行业的现状主要表现为以下几大特点：房屋建造质量低；产值利润率低；劳动生产率低；整体综合效益低。因此国家已经在大力推广建筑工业化——装配式建筑，并且住房和城乡建设部在 2017 年 11 月 9 日公布认定北京市等 30 个城市为第一批装配式建筑示范城市，据统计第一批装配式建筑产业基地数量为 195 个（图 3-26）。

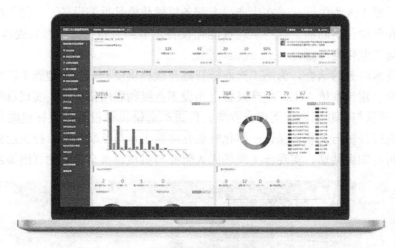

图 3-26 装配式平台

（1）利用建筑信息模型（BIM）技术，实现装配式混凝土结构的设计、生产、运输、装配、运维的信息交互和共享，实现装配式建筑全过程一体化协同工作。

在设计阶段，基于 BIM 技术除了要考虑构件模数数量之外，还需要考虑机械怎么生产，未来到现场的吊装点，模块之间该怎么连接，连接点的安全性能和防水性能等。通过BIM 技术协同全专业进行工作，从而实现施工一体化。

（2）工厂生产环节是装配式建筑建造中特有的环节，也是构件由设计信息变成实体的阶段。为了使预制构件实现自动化生产，集成信息化加工（CAM）和 MES 技术的信息化自动加工技术可以将 BIM 设计信息直接导入工厂中央控制系统，并转化成机械设备可读取的生产数据信息。现场装配阶段是装配式建筑全生命周期中建筑物实体从无到有的过程。在 EPC 工程总承包模式下基于 BIM 的共享、协同核心价值，以进度计划为主线，以BIM 模型为载体，共享与集成现场装配信息设计信息和工厂生产信息，实现项目进度、施工方案、质量、安全等方面的数字化、精细化和可视化管理。

（3）在施工运输过程中，基于物联网的工程总承包项目物资全过程监管应利用信息化手段建立从工厂到现场的"仓到仓"全链条一体化物资、物流、物管体系。通过手持终端设备和物联网技术，实现集装卸、运输、仓储等整个物流供应链信息的一体化管控，实现项目物资、物流、物管的高效、科学、规范的管理，解决传统模式下无法实时、准确进行物流跟踪和动态分析的问题，从而提升工程总承包项目物资全过程监管水平。

（4）在施工过程中，利用 BIM 模型进行有效模拟验证。通过模拟过程分析方案的可实施性，预先发现方案中的问题，并配合相关单位进行调整，在方案实施之前将一切可能发生的问题排除掉，确保施工的顺利进行。同时，方案模拟辅助进行方案交底和专家论证等各项工作。

BIM 技术与装配式的结合，在未来必将会有效提高装配式建筑的生产效率和工程质量，将生产过程的上下游企业联系起来，真正实现以信息化促进产业化，在中国装配式建筑的发展史上迈出一大步。

11. 钢结构施工信息化技术

（1）钢结构深化设计

钢结构深化设计是以设计院的施工图、计算书及其他相关资料为依据，依托专业深化设计软件平台，建立三维实体模型，计算节点坐标定位调整值，并生成结构安装布置图、零构件图、报表清单等的过程。钢结构深化设计与 BIM 结合，实现了模型信息化共享，由传统的"放样出图"延伸到施工全过程。同时结合物联网技术，改善了施工数据的采集、传递、存储、分析、使用等各个环节，提高施工效率、产品质量和企业创新能力，提升产品制造和企业管理的信息化管理水平。主要包括以下内容：

1）深化设计阶段，需建立统一的产品（零件、构件等）编码体系，规范图纸深度，保证产品信息的唯一性和可追溯性（图 3-27）。

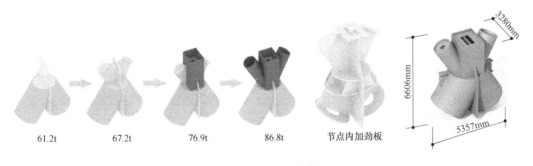

| 61.2t | 67.2t | 76.9t | 86.8t | 节点内加劲板 |

图 3-27　阶段三维模型

2）施工过程阶段，需建立统一的施工要素（人、机、料、法、环等）编码体系，规范作业过程，保证施工要素信息的唯一性和可追溯性。

3）搭建必要的网络、硬件环境，实现数控设备的联网管理，对设备运转情况进行监控，提高设备管理的工作效率和质量。

4）将物联网技术收集的信息与 BIM 模型进行关联，不同岗位的工程人员可以从 BIM 模型中获取、更新与本岗位相关的信息，既能指导实际工作，又能将相应工作的成果更新到 BIM 模型中，使工程人员对钢结构施工信息做出正确理解和高效共享。

5）打造扎实、可靠、全面、可行的物联网协同管理软件平台，对施工数据的采集、传递、存储、分析、使用等环节进行规范化管理，进一步挖掘数据价值，服务企业运营。

（2）钢结构智能测量技术

钢结构智能测量技术是指在钢结构施工的不同阶段，采用基于全站仪、电子水准仪、GPS 全球定位系统、北斗卫星定位系统、三维激光扫描仪、数字摄影测量、物联网、无线数据传输、多源信息融合等多种智能测量技术，解决特大型、异形、大跨径和超高层等钢结构工程中传统测量方法难以解决的测量速度、精度、变形等技术难题，实现对钢结构安装精度、质量与安全、工程进度的有效控制。主要包括以下内容：

1）高精度三维测量控制网布设技术

采用 GPS 空间定位技术或北斗空间定位技术，利用同时智能型全站仪（具有双轴自动补偿、伺服马达、自动目标识别（ATR）功能和机载多测回测角程序）和高精度电子水准仪以及条码因瓦水准尺，按照现行《工程测量规范》，建立多层级、高精度的三维测量控制网。

2）钢结构地面拼装智能测量技术

使用智能型全站仪及配套测量设备，利用具有无线传输功能的自动测量系统，结合工业三坐标测量软件，实现空间复杂钢构件的实时、同步、快速地面拼装定位。

3）钢结构精准空中智能化快速定位技术

采用带无线传输功能的自动测量机器人对空中钢结构安装进行实时跟踪定位，利用工业三坐标测量软件计算出相应控制点的空间坐标，并同对应的设计坐标相比较，及时纠偏、校正，实现钢结构快速精准安装。

4）基于三维激光扫描的高精度钢结构质量检测及变形监测技术

采用三维激光扫描仪，获取安装后的钢结构空间点云，通过比较特征点、线、面的实测三维坐标与设计三维坐标的偏差值，从而实现钢结构安装质量的检测。该技术的优点是通过扫描数据点云可实现对构件的特征线、特征面进行分析比较，比传统检测技术更能全面反映构件的空间状态和拼装质量。

5）基于数字近景摄影测量的高精度钢结构性能检测及变形监测技术

利用数字近景摄影测量技术对钢结构桥梁、大型钢结构进行精确测量，建立钢结构的真实三维模型，并同设计模型进行比较、验证，确保钢结构安装的空间位置准确。

6）基于物联网和无线传输的变形监测技术

通过基于智能全站仪的自动化监测系统及无线传输技术，融合现场钢结构拼装施工过程中不同部位的温度、湿度、应力应变、GPS 数据等传感器信息，采用多源信息融合技术，及时汇总、分析、计算，全方位反映钢结构的施工状态和空间位置等信息，确保钢结构施工的精准性和安全性。

（3）虚拟预拼装技术

采用三维设计软件，将钢结构分段构件控制点的实测三维坐标，在计算机中模拟拼装形成分段构件的轮廓模型，与深化设计的理论模型拟合比对，检查分析加工拼装精度，得到所需修改的调整信息。经过必要校正、修改与模拟拼装，直至满足精度要求。

12. 机电安装工程施工信息化技术

随着信息化技术的普及，其在机电管线综合技术应用方面的优势比较突出。依据 BIM 基础模型对图纸进行校核，并结合多种软件对项目中可能存在的机电安装问题提前进行预判，通过信息化技术应用可视化应用软件协助机电安装工作的工作效率较传统的管线综合技术有了较大的提升。

（1）管线综合优化

管线综合是施工现场需求最为强烈、最能体现 BIM 优势，且见效最为显著的 BIM 应用。想要将 BIM 管线综合用到实处，真正发挥效用，需要依靠严谨的技术服务，翔实地推进流程，规范的管理措施，才使得深化成果可以真正为施工现场带来实际效益与可靠保障。通过 BIM 技术与深化设计的结合，根据具体设备、材料的选型、规格尺寸以及施工操作工艺等要求，合理布置机电各专业系统的设备及管路，同时综合考虑机电其他系统的管线、设备排布，满足设计和使用功能要求，绘制内容完善、数据准确、表达清楚的深化设计图纸，经原设计审核确认后，用于工程施工。减少总承包在施工过程中因缺少二次深化图纸而出现的现场随意施工、停工等二次深化的情况。梳理和优化管线密集区域工艺管线，提高施工过程中的可安装性，并在项目投产后方便工作人员日常巡检及检修工作（图 3-28）。

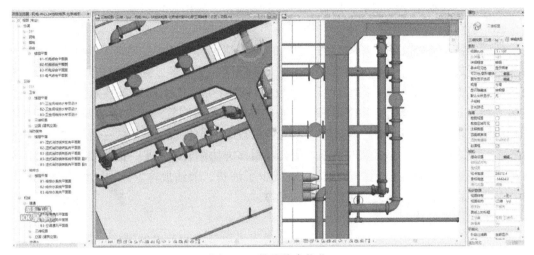

图 3-28　管线综合优化

（2）多专业施工工序协调

机电施工阶段中暖通、给水排水、消防、强弱电等各专业由于受施工现场、专业协调、技术差异等原因的影响，不可避免地存在很多局部的、隐性的专业交叉问题，且各专业间会产生交叉、重叠，无法按施工图作业或施工顺序倒置，造成返工现象。由于这些问题有些是无法通过经验判断来及时发现并解决的，因此通过 BIM 技术的可视化、参数化、智能化特性，进行多专业碰撞检查、净高控制检查和精确预留预埋的同时可利用基于 BIM 技术的 4D 施工管理，对施工工序过程进行模拟。通过 BIM 技术的 4D 虚拟建造（施工模拟）可形象直观、动态模拟出施工阶段过程和重要环节施工工艺，将多种施工及工艺方案的可实施性进行比较，为最终方案优选决策提供支持。利用 BIM 施工模拟技术，使得复杂的机电施工过程，变得简单、可视、易懂。

（3）机电预制装配式

机电预制装配式是根据 BIM 模型确认机电管线排布后，通过数据库快速导出符合现场安装需求的管道、支吊架、机电设备等，通过这种模块化及集成技术对机电产品进行规模化的预加工，工厂化流水线制作生产，从而实现建筑机电安装标准化、产品模块化及集成化。该技术满足不同规格的风管、桥架、工艺管道的应用，特别是在错综复杂的管路定位和狭小管井、吊顶施工，更可发挥灵活组合技术的优越性。近年来，在机场、大型工业厂房等领域已开始应用复合式支吊架技术，可以相对有效地化解管线集中安装与空间紧张的矛盾。复合式管线支吊架系统具有吊杆不重复、与结构连接点少、空间节约、后期管线维护简单、扩容方便、整体质量及观感好等特点。利用这种技术，不仅能提高生产效率和质量水平，降低建筑机电工程建造成本，还能减少现场施工工程量、缩短工期、减少污染，实现建筑机电安装全过程绿色施工。

除此之外，由于土建、机电、精装等各专业错综复杂，机电工程的整体安装还必须加入现场施工信息和必要的设计参数，从而确定仪表安装方向、管道间的隔温层距离及各工艺管道间的检修空间。还可进行净空分析、流量计算、支吊架计算、平衡校核等工作，利用 BIM 技术可以有效地解决这些难题，确保整个机电工程应用能够落到实处，完善地指导现场施工。在找出干涉点后，向业主提供干涉报告，提出优化和解决方案。

13. 绿色施工信息化技术

低碳经济是人类文明进步的必然趋势，中国国情也要求经济发展必须走节能低碳循环发展之路。以信息化、技术创新为先导，基于互联网的项目多方协同管理技术是以计算机支持协同工作理论为基础，以云计算、大数据、移动互联网和 BIM 等技术为支撑，构建的多方参与的协同工作信息化管理平台。通过工作任务协同管理、质量和安全协同管理、图档协同管理、项目成果物的在线移交和验收管理、数据管理标准不统一等问题，实现项目各参与方之间信息共享、实时沟通，提高项目多方协同管理水平。推进项目绿色施工在工程建设中采取有效信息化技术措施，既减少了浪费、节约成本，体现了绿色施工的理念，又为项目的动态管理提供可靠的数据支撑。

（1）智能水电能耗监测关系

智能用电监测系统，采取有效的手段，适当采取节水和节电的措施，既减少了浪费，体现了绿色施工的理念，又能为项目管理带来可观的利润。利用无线智能电表和水表系统，可以自动采集和统计各线路的用水和用电情况，既减轻了人的劳动强度，又为项目的动态管理提供可靠的数据支撑。

（2）雨水收集

当降雨开始时，雨水经过安全分流井、电动弃流及过滤装置预处理之后流入雨水蓄水池，当雨水蓄水池的液位达到高水位时，雨水不再进入雨水蓄水池，从前段安全分井排放掉。雨水经过预处理后存储于地下蓄水池内，后面设置一体净化消毒器，通过增压泵提升并经一体化器将处理好的净化雨水送至清水箱，最后送至各用水点。

（3）污水监测

污水监测系统由分析仪、流量检测仪、PH 测量仪、无线数据传输模块和后端控制软件组成。通过该系统对使用现场的废水和生活区的污水自动采样、流量的在线检测。为施工企业绿色施工实施情况提供另一个角度的监控。

（4）智能照明

智能路灯系统采用绿色的光伏发电技术，将太阳能转化为电能并存储在蓄电池内，可以在夜晚点亮节能 LED，起到照明的作用。由于系统可以发电，因此一方面设备不受电源线敷设的局限性，只需要安装在太阳光充足照射的地方即可；另一方面系统可以节约大量用电成本。

（5）环境噪声与扬尘监测

扬尘噪声监测子系统是建设项目扬尘噪声可视化系统数据监测和报警展示的平台端与

监测设备端。通过监测设备，对建设项目施工现场的气象参数、扬尘参数等进行监测与显示，并支持多种厂家的设备与系统平台的数据对接，可实现对建设项目扬尘监测设备采集到的 PM2.5、PM10、TSP 等扬尘数据，噪声数据，风速、风向、温度、湿度和大气压等数据进行展示，对以上数据进行分时段统计，并对施工现场视频图形进行远程展示，从而实现对项目施工现场扬尘污染等监控、监测的远程化、可视化。

设备终端可以根据设定的环境监测阈值，与施工现场的喷淋装置联动，在超出阈值时自动启动喷淋装置，实现喷淋降噪的功效。

（6）基坑支护自动化监测

基坑支护变形监测系统，是通过土压力盒、锚杆应力计、孔隙水压计等智能传感设备，实时监测在基坑开挖阶段、支护项目建造阶段、地下建筑项目建造阶段及竣工后周边相邻建筑物、附属设施的稳定情况，承担着对现场监测数据采集、复核、汇总、整理、分析与数据传送的职责，并对超警戒数据进行报警，为设计、施工提供可靠的数据支持。

（7）自动化喷淋降尘

喷淋降尘是一种新型的降尘技术，其原理是利用喷淋系统产生的微粒极其细小，表面张力基本上为零，喷洒到空气中能迅速吸附空气中的各种大小灰尘颗粒，形成有效控尘。对大型开阔范围的控尘降尘有很好的效果。特别适用于建筑工地、铸造厂、工业园区、机场等，费用低廉效果明显。

（8）智能化施工

1）智能标样

① 项目管理：可以在程序中自建多个项目，并将需要管理的试块归入各个项目中进行管理。

② 试块管理：用户在试块管理中，增加需要提醒的试块，设置试块类型、试块数量、试块部位和制作日期等，在达到送检日期时，系统会自动提醒送检。

③ 送检管理：送检管理分标准养护送检提醒和 600℃ 同条件养护到期提醒。标准养护提醒 28 天到期系统自动提醒。对实验员来说，600℃ 同条件养护的送检到期时间不固定，送检时间很难把握，该程序会根据天气情况，自动累加日期和温度，不需要人为记录即可获得提醒。

④ 报表输出：程序支持将所有的试块按照项目导出报表。

2）自动计量系统

自动计量子系统，由无人值守汽车衡和主材物流管理系统构成，系统包括远距离车号自动识别系统、自动语音指挥系统、称重图像即时抓拍系统、红绿灯控制系统、红外防作弊系统、道闸控制系统、远程监管系统等子系统构成。在称重的整个过程里做到计量数据自动可靠采集、自动判别、自动指挥、自动处理、自动控制，最大限度地降低人工操作所带来的弊端和工作强度，提高了系统的信息化、自动化程度。对于管理部门，可以通过系统中的汇总报表了解当前的生产及物流状况；对于财务结算部门，则可以拿到清晰又准确的结算报表；仓管部门则可以了解到自己的收、发货物的情况等。这些报表数据是随时可以查阅的，因此它也加强了管理上的一致性，缩短了决策者对生产的响应时间，提高了管理效率，降低了运营成本，促进了企业信息化管理。

（9）影像监测

1）AI视频监控

主要应用于人员管理问题，如，在施工现场所有进出口、施工作业面对人员进行衣着、安全帽、抽烟等危险源的识别、筛选和排查。

2）无人机影像监测

由无人机倾斜摄影测量技术自动生成的三维场景结合地理信息平台在城市规划和建设和管理有如下应用：

① 规划设计：支持直接在实景三维的场景中添加规划的建筑、植被等设计数据，方便规划设计人员形成初步规划方案。

② 日照分析：无人机倾斜摄影测量系统所建三维模型和GIS平台结合起来选择日期、时间，对单个建筑或多个建筑进行日照分析。

③ 建筑物拆除分析：支持三维面数据压平倾斜摄影模型的局部区域，模拟拆除建筑物的效果，并可置换为精细模型，实现规划方案效果对比与展示。

④ 通视分析、景观规划等功能：支持通视分析及可视域分析，可用于安防监控等领域；支持天际线分析，可用于城市景观规划，体现城市空间韵律美感；支持阴影率统计分析，可用于城市建筑规划，准确预测控制采光；支持剖面线分析，获取可量测的建筑物剖面图。

3）施工全过程全景影像资料

项目建设全过程记录，以项目节点及自然时间做好照片、视频资料的拍摄和留存。工作过程中需要注意的内容如下：

① 项目照片、影像资料的留存以项目重要节点及月度自然时间进行双轴留存，照片及影像资料文件名均以"×××项目×年×月×日"或"×××项目××节点"进行命名。

② 照片、视频的拍摄尽量选择晴好天气，避免在雾天、霾天、阴雨天拍摄。

③ 所有照片、影像资料要求焦点清晰、干净整洁，要能够展现项目形象，照片中质量、安全、CI形象等务必规范，不得存在错误或者隐患。施工现场照片要尤其注意工人安全马甲、安全帽及其他安全防护用品的佩戴及相关标识的准确清晰。

④ 除甲方、监理单位标识以外，照片中不得出现明显的其他企业标识及名称。

⑤ 照片文件大小不得小于1MB，视频尺寸不得小于720p。每张照片需包含的内容要求及要点：施工现场全景照片、影像资料，其中应包含但不局限于地面平行视角、高空俯瞰视角。要求项目实体清晰、完整，施工现场品牌形象规范、整洁，照片中应反映背景环境。节点部位或区域照片、影像资料，包含但不局限于能反映施工过程的照片，应带有关键的施工平面布置能反映项目质量的细节特写照片，要求图片能清晰准确展现项目施工品质。能反应项目施工状态的人物特写或全景照片，要求可以体现中建品质，反应现场施工场面，具有一定的美感。特写照片要尤其注意人物表情及安全帽等安全防护用品的规范和CI要求。针对竣工项目照片、视频材料的拍摄留存应包含但不仅限于完整的全景照片及视频，能体现项目质量的内部照片，能展现项目与整个城市建设关系的远景、全景照片。会议照片存档要求参会人员服装、安全帽、会议室符合CI规范，能反应项目员工精神状态。

4）关键部位施工影像记录

与施工全过程全景影像资料系统相同。

5）施工全过程延时记录

项目施工开始确定延时摄影角度，指派人员定期检查数据资料，信息数据的传输方式为无线 WiFi。

（10）施工临时设施综合信息化系统

1）设立独立机房，机房要求包含不限于如下内容：

① 机柜中提供 20U 以上空间，用于部署服务器，NAS 机；

② 机柜内设备供电部署 UPS，用于净化和应急保障；

③ 千兆网到桌面，会议室配备网络接口，全办公区域 WiFi 信号覆盖；

④ 全千兆交换机，同时保留适当冗余；

⑤ 存储：千兆 NAS 存储 20T；

⑥ 办公区带宽配备最低 10M 专线，上下行带宽对等；

⑦ 局域网内加装网络行为管理设备，提高网络使用率；

⑧ 固定 IP 专线，提供 2 个固定 IP。

2）监控中心

视频可视化加强建筑工地施工现场的安全防护管理，实时监测施工现场安全生产措施的落实情况，对施工操作工作面上的各安全要素等实施有效监控，同时消除施工安全隐患，加强和改善建设项目的安全与质量管理，实现建设项目监管模式的创新，同时加强了建筑工地的治安管理，促进社会的稳定和谐。

3）舆情分析

网络舆情不同于传统舆情，传统舆情是民意理论中的一个概念，是民意的一种综合反映。该文所提到的网络舆情，是未经任何中介包装和验证，直接发布于网上的社会舆情，并以互联网为载体，以舆论事件为核心，集民众情感、态度、意见、建议、传播互动和影响力于一身的集合。因为网络舆情的传播介质是网络，网络既具有公开性又具有隐蔽性，同时需要事件、网民、网民情感，以及通过网络介质的传播和互动，所以在既公开又隐蔽的环境中，从众多的信息中捕获并抽取出复杂的网民情绪和态度非常重要。

4）居民关系管理

在一定地域范围内多个具有相同或不同功能的建筑物（主要是指住宅小区）按照统筹的方法分别对其功能进行智能化。在提供安全、舒适、方便、节能、可持续发展的生活环境的基础上，实现资源充分共享，统一管理和控制，实现施工现场的绿色节能，降低环境污染。

5）移动信号扩展

① 指定巡更路线：将现场的重要危险源设置为巡更点，设置对应二维码，项目部可以要求指定安全管理人员和其他管理人员分工协作，各自沿指定路线进行巡更，到达巡更点后，通过手机扫描巡更点的二维码进入巡更状态，将巡更点的安全检查要点检查完毕后，拍照上传。

② 人员监督：可供管理人员对安全巡更人员的安全工作进行监督，也便于管理人员直观了解各危险源的安全状况，了解安全管理人员的工作成果，可以及时发现问题，及时

整改问题，杜绝安全隐患，减少安全事故发生。

（11）安全管理

1）临时周界防护

项目施工现场的预留洞口、电梯井口、通道口、楼梯口以及破损护栏等位置容易发生人员跌落等安全事故。安全界防护子系统可以在这些危险区域及时探测人员，并警告人员注意安全，起到安全防护的作用。

2）安全帽佩戴监测

未戴安全帽检测系统采用先进的视频分析技术，只通过视频监控画面分析不通过其他传感器实现安全帽检测。系统用于工地出入口，检测进出人员是否未戴安全帽，提醒未戴安全帽的施工人员及时佩戴，起到保护工人人身安全的作用。

3）红外入侵报警子系统

红外入侵报警系统采用红外探测器技术，实时探测工地四周围墙入侵情况。能有效探测人员攀爬围墙进出工地和施工材料非法运营行为，辅助施工企业强化项目现场管理。

4）可视化安全教育

90%以上事故都是由人的不安全行为引发的，而缺乏必要的安全管理知识和安全操作技能是导致人的不安全行为的主要原因。可视化教育培训交底子系统从进场施工人员安全教育和交底入手，借鉴国内外先进的安全培训方法，创新网上线下集培训、竞赛、交流于一体的系统化、网络化、数字化、常态化、竞赛化安全培训模式，针对不同人员的特点，研究一套系统、全面、图文并茂的安全培训教材体系，能有效解决企业安全培训效果不佳的问题，提高全员的安全素质。

5）烟感、火焰监测报警

施工现场工人生活区和办公区人员密度大、易燃物品多、人员消防意识淡薄、用电用火习惯差等因素极易导致火灾发生。烟感报警系统能够在火灾初期探测到燃烧的烟雾，及时发现火情，降低损失和挽回生命。

（12）车辆出入管理

车辆进出管理子系统以车辆车牌及车辆颜色等为信息载体，通过记录车辆进出信息，结合工业自动化控制技术控制机电一体化外围设备，从而控制进出停车场的各种车辆。是一种高效快捷、准确、科学经济的车辆进出管理手段，是施工现场对于车辆实行动态和静态管理的综合应用。

（13）VR体验式教育

VR教育演示系统，利用前沿成熟的 VR & AR 技术，配备精良优质的硬件产品（VR头盔、眼镜、手柄、基站、VR服务器、3D投影仪或智能电视等），充分考量基础施工、主体施工、装饰施工三阶段共十八大安全隐患，以纯三维动态的形式逼真模拟出十八项 VR 应用场景，虚拟元素创造现实世界的极致安全教育沉浸体验，完美拉近未来与现在、死亡与生存的距离，巨大的刺激迫使施工现场无论是管理人员还是作业工人正视安全隐患，提升安全意识，预防安全事故。

同时，引入项目 BIM 模型和质量样板模型，通过 VR 真实展示优势，让使用者身临其境，了解项目和施工质量要求。

3.3　施工信息化技术应用的案例

3.3.1　北京某国际机场施工信息化技术应用

1. 工程概况

北京某国际机场位于永定河北岸,北京市大兴区礼贤镇、榆垡镇和河北省廊坊市广阳区之间,北距天安门46km,西距京九铁路4.3km,南距永定河北岸大堤约1km,距首都机场67km,属国家重点工程。现场地形平坦开阔,除少数的民居、企业外,多为耕地、果园和林地(图3-29)。

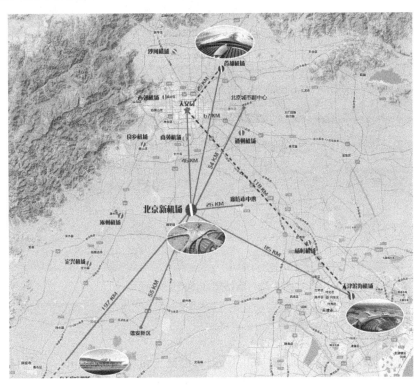

图3-29　北京某国际机场位置示意图

该项目为大型国际航空枢纽,本期按2025年旅客吞吐量7200万人次、货邮吞吐量2000000t、飞机起降量62万架次的目标设计,建设4条跑道、800000m² 航站楼、400000m² 的停车楼及综合服务楼、52000m² 的双层高架桥及相应的货运、空管、航油、航食、市政配套、综合交通枢纽等生产生活设施。该项目建设将秉承功能优先的原则,以运营顺畅、方便旅客、节能环保为目标,将机场建成国际一流、世界领先,代表新世纪、新水平的标志性工程(图3-30)。

航站楼核心区为整个航站楼的主要功能区,地下二层、地上五层,地下二层为高速铁路通道、地铁及轻轨通道的咽喉区段,地下一层为行李传送通道、机电管廊系统和预留的APM捷运通道,地上一层至五层主要为进港、出港、办票、安检、行李提取等功能区(图3-31)。

图 3-30　北京某国际机场整体效果图

图 3-31　航站楼立体楼层关系图

2. 工程重难点

（1）工程规模大

该项目航站楼核心区建筑面积约 60 万 m²，混凝土量将达 75 万 m³，屋面投影面积约 18 万 m²，钢结构总用钢量达 10 万 t。机电专业多达 108 个系统，仅电气高低压柜近 500 台，电缆约 950km，灯具约 12000 套，空调机组多达 545 台。工程建设规模十分巨大。

（2）轨道穿越航站楼

地下二层为轨道层，高铁、城际铁路、地铁与航站楼无缝衔接，为国内首创；高铁以 300km 时速高速穿越航站楼，引起的振动控制问题属于世界性难题。

（3）隔震工程

受机场净空高度的限制，采用常规的抗震设计，需加大梁截面和梁柱节点配筋量，不仅施工难度和工程成本显著提升，且难以满足航站楼功能区使用净高的要求。

为解决高铁高速通过引起的振动和超大平面混凝土的裂缝控制的难题，同时满足隔震层上部结构的水平地震作用及抗震措施降低一度（即七度）的设计预期，地下一层柱顶采用独有的层间隔震技术，在地下一层柱顶设置 1152 套超大直径隔震支座，有效减小梁截面面积，降低配筋率，节约工程造价。

（4）结构工程

楼层面混凝土结构超长超宽，东西向最长为 565m，南北向最宽为 437m，面积达 16 万 m²。受地上钢结构柱脚水平推力影响，无法设置结构缝，超大平面混凝土结构裂缝控制难度大。

（5）钢结构工程

核心区屋盖钢结构为放射型的不规则自由曲面，空间网格结构最大落差达 27m，投影面积达 18 万 m²，重量约 4 万 t，庞大的网格结构主要由 8 根 C 形支撑和 12 个支撑筒支撑，中心区域形成了直径 180m 的无柱空间，C 形支撑受力大，节点形式复杂，构件单元单重达 34t，施工安装难度大。全焊接的节点高空定位控制精度要求高，网格结构空间变形控制难度大。

且由于隔震层的存在，C 形支撑、筒柱、幕墙柱不能直接生根于基础上，在生根层楼板内大量采用劲性结构转换梁，劲性结构节点复杂，单元构件最大达 38t，与结构周边距离远，安装难度大。

（6）机电工程

机电系统复杂，功能先进，多达 108 个系统，各类风管、水管近 100 万 m，桥架约 20 万 m，各类电缆、电线约 200 万 m，机房设备共计超 5600 台；系统间关联性强，交互点多，空间受限，施工深化难度大。

（7）屋面幕墙工程

屋面幕墙皆为双曲面造型，板块单元形状不规则，深化设计、加工下料难度大；空间曲线、曲面施工控制难度大。

（8）装饰装修工程

核心区屋面大吊顶为连续流畅的不规则双曲面吊顶，大吊顶通过 8 处 C 形柱及 12 处落地柱下卷，与地面相接，形成如意祥云的整体意向的同时也给装饰施工带来了很大挑战。

3. BIM 实施情况

（1）BIM＋场地布置优化

施工场地的布置与优化是项目施工的基础和前提，合理有效的场地布置方案在提高场地利用率、减少二次搬运、提高材料堆放和加工空间、方便交通运输等方面有重要意义。项目利用 BIM 技术进行现场布置，根据不同施工特点以及对现场道路、材料堆放区、设备运输、吊装等要求，结合现场场地大小与现场施工手册的要求，对现场临设、道路、材料加工区、塔吊等进行场地布置，使平面布置更合理，可及时调整，提前发现问题，避免重复施工，使现场临设符合标准化施工（图 3-32）。

为保证航站楼工程的顺利施工，需要在施工现场设置必要的管理人员的办公区、生活区和工人生活区，并提供各项生活辅助设施。按照相关要求，现场布置的临建设施分为项目总承包部办公区及生活区、监理办公区（1500m² 规模）、发包人办公区（200m²）、施工作业人员生活区（容纳 8000 人）。本项目利用 BIM 技术进行场地布置，综合考虑办公楼、宿舍楼、食堂、活动区、道路、给水排水、排污系统、供电系统、空调系统、弱电方案等，最大限度地利用场地空间（图 3-33）。

图 3-32　施工现场布置图

图 3-33　项目办公区布置图

（2）BIM＋图纸会审

本工程依靠 BIM 技术辅助图纸会审，按照业主下发的 CAD 施工图纸，利用 Revit 软件创建项目 60 万 m² 的结构、建筑、机电、幕墙、钢结构、屋面、装修等专业的模型。模型创建的过程等同于对施工图纸进行了一次 2D 图纸会审，可检查出 2D 施工图纸图面的错漏落项、平面图与系统图不符等问题。

模型创建完成后，利用 BIM 模型的可视化优势，依靠 Revit、Navisworks、Fuzor 等软件对各专业模型进行模型内漫游和可视化会审，发现单专业问题和方案不合理处，提出合理解决方案编写图纸会审，有效避免施工过程中发现问题、方案讨论、解决问题导致工期延后的风险。

单专业模型会审后，对各专业模型进行整合并会审，对多专业交接、穿插的节点、区域进行重点审核，可直观性地检查出复杂节点、区域单专业缺漏和多专业重叠等问题，由此编写图纸会审，可有效避免缺漏专业施工中和施工完成后造成的拆改、返工和质量、安全事故等问题；可由设计明确多专业重叠处的专业取舍问题，有效减少后期因图纸不完善等问题导致的设计变更。

由以上几点，可知 BIM＋图纸会审让图纸会审更完善、更准确、更有针对性，BIM＋图纸会审与普通图纸会审相比可进一步减少施工图纸不完善造成的技术问题、现场拆改、返工、质量、安全、工期延误以及后期的设计变更数量等。

（3）BIM＋施工方案、交底

本工程依靠 BIM 技术辅助施工方案和技术交底编制，改善传统交底文字叙述较多、附图可读性差等问题。针对方案和交底内容创建相应 BIM 模型，并根据 BIM 模型对方案和交底进行论证和改进，最终将方案和工艺模拟动画和各安装工序三维图片与传统施工方案和交底结合形成可视化交底记录下发各施工单位并进行宣贯，使方案和交底更易读、易懂，使方案和交底更明确，减少因交底内容不清等原因造成现场拆改、返工以及扯皮现象，进而在很大程度上保证施工质量和施工进度。下为栈桥施工模拟及隔震支座施工模拟简述：

1）栈桥施工模拟

为了加快施工进度，针对项目平面尺寸大，塔吊运力有限，项目部经过研究拟创新性地采用栈桥工法进行水平运输，在钢栈桥施工前，利用 BIM 技术的可模拟性，在软件中对钢栈桥进行了预拼装，检验拼装工序的合理性，为钢栈桥在完成后的使用过程中的安全、能效提供了保障。

临时钢栈桥的设计和施工费用预计约为 1400 万～1800 万元，本着节约成本、优质建造的原则，钢栈桥在方案策划和设计的过程中利用 BIM 三维模型进行方案的比选，对钢栈桥的生根形式、支撑体系、构件选择以及货运小车在运行中的受力情况进行了详细的模拟和验算（图 3-34）。

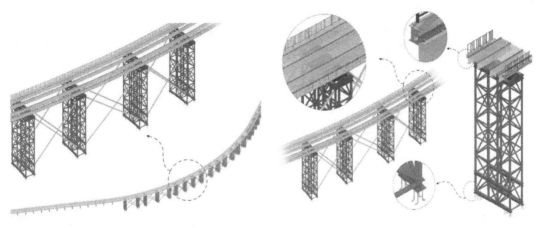

图 3-34 栈桥 BIM 模拟图

2）隔震支座施工模拟

航站楼核心区共设置 1152 个隔震支座，整个航站楼地上结构全部由隔震层与地下结构隔开，增强旅客换乘舒适度，为全球最大的隔震支座建筑。每个隔震支座工序达到 20 道，现场工人的理解能力及操作性有限，给施工、验收带来了巨大挑战，通过制作 BIM 模型，增强技术交底的可视性和准确性，提高现场施工人员对施工节点的理解程度，缩短工序交底的时间（图 3-35）。

图 3-35 隔震支座部分工序分解模型

（4）BIM+全专业协同碰撞检查

将各专业模型按真实比例1：1进行真实建模，2D施工图予以省略的部分均得以展现，从而将一些深层次问题暴露出来。再将各单专业模型导入Navisworks中，进行碰撞检查，导出碰撞表格并对模型进行单专业调整。

通过将建筑、结构、机电、钢结构、幕墙、装修等专业模型导入到Navisworks中，进行集成与碰撞检查，检验不同专业间的协调度是否满足施工要求。针对碰撞节点，各专业BIM工程师对各专业模型在BIM服务器上进行协同修改。如转换梁柱节点、C形柱与混凝土结构生根节点、隔震层与机电交叉节点、机电系统与行李系统交叉节点、钢结构与屋面交界节点、装修与结构交界节点等是否符合设计要求并满足施工要求（图3-36、图3-37）。

图3-36　多专业BIM模型集成示意图　　　　图3-37　结构与机电专业碰撞点示意图

（5）BIM+超大钢结构屋盖施工

航站楼核心区屋盖为不规则自由曲面空间网格钢结构，投影面积约18万m^2，钢结构体量达5万多吨，钢构件主要采用圆钢管，节点为焊接球，部分受力较大部位采用铸钢节点，屋盖网架杆件总数量约63450根，球节点约12300个，在天窗范围内采用桁架结构联系，屋盖顶盖标高最高处50m，最大起伏高差约30m，屋盖结构厚度为2~8m，北侧悬挑最大为47m，根部结构高度为7m，钢结构主要材质为Q345、Q390、Q460等系列，屋盖钢结构设计结合放射型的平面功能，在核心区中央大厅设置六组C形柱，形成180m直径的中心区空间，跨度较大的北中心区加设两组C形柱减少屋盖结构跨度；北侧幕墙为支撑框架，为屋盖提供竖向支承及抗侧刚度，与C形柱对应设置支撑筒，支撑筒顶与屋盖连接处采用固定铰或滑动铰等连接方式，为主楼核心区屋盖提供可靠的竖向支承和水平刚度（图3-38）。

屋盖覆盖面积大、造型复杂、结构单重大，每种钢结构施工方法都有很多施工难点需要克服，没有单一的安装方法具有先天的契合性。并且南北钢结构分区之间存在连接面交接、施工工作面较多、8个区同时施工等现象，施工人员数量多，标段内各专业存在穿插，标段外隧道等工程对钢结构运输通道造成很大影响。针对本工程施工工期紧、结构体量大、结构复杂、施工条件差等不利因素，采用BIM技术对钢网架的施工方案进行模拟和比选，利用专业软件对节点进行有限元计算、结构整体变形计算，从工程进度、施工质量等方面综合考虑后，确定"分区安装、分区卸载、变形协调、总体合拢"的总体施工思路和钢结构屋盖拼装方案。做到了技术先行，提前发觉并预防施工过程中存在的各种问题，杜绝了因设计考虑不周而引起的返工现象，节约施工成本，提高施工效率（图3-39、图3-40）。

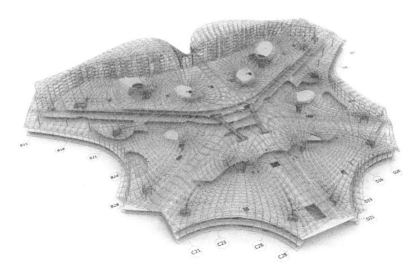

图 3-38 钢网架屋盖三维图

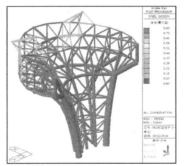
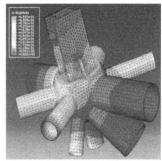

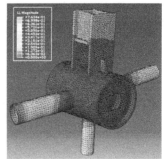

图 3-39 节点计算过程截图

（6）基于 BIM＋物联网等信息技术融合应用情况

1）桩基精细化管理系统

在基坑工程 BIM 应用中，考虑到目前没有比较成熟的应用软件可直接使用，项目部结合桩基管理的难点特点和本工程的特殊性，自主研发出"桩基精细化管理软件"来对本工程进行精细化管理。

根据基坑施工 BIM 模型，对 BIM 模型中桩构件按照区段划分，为每根基础桩、围护

图 3-40   钢网架屋盖施工方案模拟图

桩建立施工进度、质量信息库，通过移动端设备采集现场施工进展和质量验收情况，通过基于 BIM 大数据的统计和分析，实现桩施工过程中精细控制和管理（图 3-41）。

图 3-41   桩基精细化管理系统 APP 截屏

通过"桩基精细化管理软件"的施工模拟，项目部够直观地观察到整个施工工艺流程，及早发现施工过程中可能存在的风险和缺陷，从而优化施工工艺来达到减少风险的发生、缩短施工工期、提高安全防范意识、减少施工成本的目的。该项目的实施也提高了客户技术人员的业务水平，积累了仿真项目的经验水平，为以后其他项目开展积累了知识经验。

2）基于二维码的信息管理应用

① 基于二维码的装饰施工信息查询系统

本系统将数据预先收集上传至服务器，在 APP 内设定了 WiFi 网络自动更新数据库设置，现场扫描的二维码作为一个超链接，链接手机里已缓存内容，链接文件包含了房间名称、房间 CAD 图纸、做法、质量验收要点等内容，给施工检查带来了方便，这样就解决了施工现场没有 WiFi 无法及时查阅资料的困难。图 3-42 为现场张贴二维码图片。

图 3-42　施工现场二维码

② 基于物联网二维码的物料管理系统

本项目工程量巨大，以钢结构为例，屋盖网架杆件总数量约 63450 根，球节点约 12300 个。怎么管理这么多的物料，物料堆场准确，减少二次搬运，材料可准确查找，安装位置准确是本项目的重点和难点。

针对该问题，项目部开发了物料管理系统，在深化设计阶段对物料进行编码，做到一件一码、一车一码，从设计、出厂、进场验收、现场安装做到有迹可查。图 3-43 为钢结构物料管理照片。

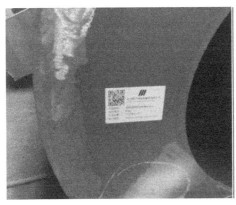

工程名称：	北京新机场旅客航站楼及综合换乘中心	
安装位置：	C3-1-区上弦	
构件编号：	C3-1-SZ1-4	管理编号：　1/1
规格(mm)：	PD180×6	
重量(kg)：	48.50	长度(mm)：　2289.00
底标高(m)：		顶标高(m)：

图 3-43　钢结构二维码管理

在装修装修阶段，将大吊顶、墙面铝板、地面石材等材料，深化设计后按区域分组，编制号码，材料进场后准确地就近施工位置堆放，避免二次倒料、找料。图 3-44、图 3-45 为大吊顶、墙面铝板、地面石材等材料二维码示例图。

图 3-44　蜂窝铝板二维码

3）BIM＋机房模块化预制安装

本工程 B1 层 AL 区换热机房和生活热水机房采用了模块化预制安装技术。暖通换热机房：888m²，总换热量 24000kW。生活热水机房：278m²，设计小时制热量 822kW，小时供水量 14m³。

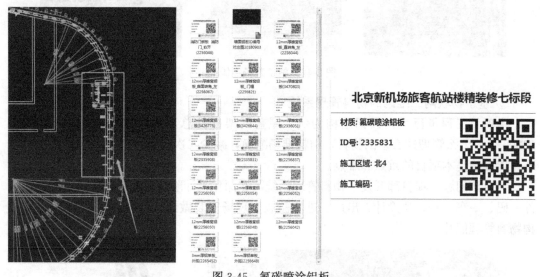

图 3-45　氟碳喷涂铝板

机房模块化预制安装共计划分为 17 个标准流程，通过数据管理协同平台全过程进行数据收集/共享/传递。

施工前对实际建筑结构进行三维扫描形成实体模型，结合实体模型对机房进行深化设计形成 BIM 模型，依照 BIM 模型进行标准件划分、工厂预制化以及物流信息管理，最终进行现场快速装配。

优化设计方案方面，机房模块化深化根据系统、平面图修正模型错误。完善管线、桥架模型。解决碰撞点，空间管线合理优化。并分系统进行设备及附件集成，节省机房面积。预制加工中对监控点进行预留，避免现场二次加工。机房经设计优化后：有节地、节材、完善设计未尽之处，观感及质量俱佳等优点。

图 3-46、图 3-47 为机房模块工厂预制加工图片及热交换站分系统模块组装完成后的照片，通过粗略测算，预制化模块技术比传统的安装技术节省机房面积 140m²，节省工期、管材、型材等约三分之一。

图 3-46 机房模块工厂预制加工

图 3-47 热交换站分系统模块组装完成效果

4）智慧工地信息化管理平台

针对工程的特点难点，通过将新兴信息技术与先进工程建造技术有机融合，规划和研发了北京新机场智慧工地信息化管理平台，为项目实现信息化、精细化、智能化管控提供支撑平台。平台集成可视化安防监控系统、施工环境智能监测系统、劳务实名制管理系统、塔吊防碰撞系统、资料管理、OA 平台和 BIM5D 系统等功能（图 3-48）。

图 3-48 智慧工地信息化管理平台

4. 信息化技术应用实施效果

针对该项目航站楼工程规模巨大，平面面积超大，结构节点形式复杂多样、屋面钢结构跨度大、落差高，机电系统繁多、协同困难等难题，项目部通过全过程的 BIM 技术研究与应用，克服了各分部分项工程施工中的种种困难，通过将新兴信息技术与先进工程建造技术有机融合，研发了智慧工地信息化管理平台，为项目实现信息化、精细化、智能化管控提供支撑平台，顺利实现了工程各项节点目标，保证了工程的顺利竣工。

3.3.2　某市民服务中心施工信息化技术应用

1. 项目概况

某市民服务中心项目占地面积 242400m²，总建筑面积 100200m²，由 7 栋 2～5 层的钢框架结构及 1 栋 3 层的钢结构集成房屋组成，最大建筑高度 15m。项目计划施工工期仅 112 天，开工时工程施工图设计还未全部完成，实际施工建设工期十分紧张，如何高质量高效率地完成工程设计工作，并合理组织施工管理团队，保证主体结构按期完成及各系统使用功能按期交付使用，是本工程的难点。而在项目组成上，本工程共有 8 个单体建筑，包含办公、会议、培训、生活等各类功能。因此项目具有单体多、工期紧、结构复杂、施工组织难度大、工程质量要求高等特点。项目重难点分析详见表 3-1。

项目重难点分析表　　　　　　　　　　　　　　　　　　表 3-1

重难点	分　　析
工期进度管理	(1)本工程单体众多、施工任务量大，工期紧仅有 112 个日历天，施工周期基本处于冬期施工阶段。如何组织施工并保证足够的劳动力配置是进度目标按期实现的关键。 (2)本工程钢结构工程量大，约 11200t 钢材和 652 个钢结构集成模块，从生产到安装只有 2 个月，工期十分紧张。 (3)本工程功能复杂，分包单位多，不同专业合理插入及交叉施工对本工程工期影响极大。 因此，工期进度管理是本工程施工的关键点之一
施工安全管理	(1)本工程钢结构、动火及高空作业任务量大。 (2)多单体同时作业，大面积施工。现场管理跨度大，点多、面广。 (3)多专业工种交叉、立体作业。 因此本次施工安全管理是本工程的难点之一
施工质量管理	(1)本工程工期远低于正常工期，如何保证施工质量是本工程的难点。 (2)分包专业众多，各专业工种交叉、立体施工，深化设计协调工作量大。 (3)本工程施工全周期均处于冬期施工，钢筋混凝土施工、土方开挖回填、钢结构焊接、防水施工以及装饰装修施工均受影响。 如何保证施工质量是本工程的关键点之一
总平面布置与管理	(1)场地仅南侧有一条乡村主干道奥威东路可供通行，其他三侧均无道路。本工程施工期间材料运输量极大，场内外交通组织协调量大。 (2)本工程主体施工的同时需考虑室外道路施工以及钢结构、预制构件堆场、吊装行走路线及综合管廊、室外园林同期施工的影响。总平面管理要做到阶段规划、动态管理。 (3)多单体同时作业，现场交通道路布置既要满足施工方便、便于场内交通组织，又需践行"四节一环保"绿色施工要求。 (4)施工场地面积大，合理布置临水电，做到既安全又节约。 因此总平面布置与管理是本工程的关键点之一

2. 管理要求与软硬件配置

（1）BIM 组织架构

项目建立全生命期 BIM 应用的目标。以设计总承包单位牵头负责设计阶段 BIM 模型的创建及整合，施工总承包单位承接设计阶段 BIM 模型，通过深化与信息补充形成施工 BIM 模型，最终向业主单位移交，并由专业运维平台开发单位定制建筑运维管理平台。

在项目实施过程中，每个单位设置专门的 BIM 或信息化部门负责项目的 BIM 技术应用，对内实现各部门信息的综合，对外提升建筑信息传递的效率，形成一条完整的工作链，将项目的图纸信息与生产、进度、质量、成本进行结合，实现高品质建造。

以施工总承包团队为例，组建以项目技术总监为首的 BIM 管理团队，对接各设计单位汇总整理设计 BIM 模型，制定 BIM 实施方案，明确 BIM 工作目标，完成项目 BIM 工作的整体协调管理工作，并将竣工模型与现场施工质量数字化记录成果提交运维管理团队。

（2）BIM 实施要点

1）成果一致原则

项目在开工前期已经制定《统一 BIM 技术措施》《管线综合规则》《轻量化模型导出及设置指南》《BIM 交付深度要求》等 BIM 实施方案，保证各方模型的命名、颜色、材质、拆分等统一。

2）实体建筑与虚拟建筑同步的原则

在施工过程中，各参建方保证模型与实际建造的同步性。及时将现场所产生的设计变更、现场变更单等内容体现在 BIM 模型中，保证 BIM 模型与实际建筑的同步。

3）工作职责划分

在项目实施过程中，坚持"谁施工、谁建模""谁建模、谁负责"的原则。将 BIM 模型管理应用工作与项目施工合同、项目施工人员相挂接。保证建设过程模型与实体建筑的一致性。

（3）BIM 软硬件环境

1）硬件环境：BIM 应用采用高端台式机与移动工作站，其具体配置详见表 3-2。

项目软硬件配置表　　　　　　　　　　　　　　　　表 3-2

硬件配置	台式机	笔记本
CPU	Intel i7-7700K	Intel i7-7700HQ
内存	16～32 GB DDR4 2400	8×2GB DDR4 2400
显卡	GTX1060,6G	Quadro K2100M 2G
硬盘	SSD 256GB HDD 2TB 7200 转	SSD 120GB HDD 1TB 7200 转
显示器	24 英寸三星	15.6 英寸 1920×1080
操作系统	Windows 10 64 位	Windows 10 64 位

2）软件环境：BIM 应用主要软件名称、版本及用途详见表 3-3。

项目软件配置表 表 3-3

软件名称及版本	用　途
Revit2016	主要进行本工程建模、复杂节点深化
Navisworks Manage2016	主要进行碰撞检查、施工模拟、进度模拟、模型整合、漫游动画等
Tekla Structure19.0	主要进行钢结构建模、深化设计
3dMax2015	主要进行动画制作
智慧建造系统	辅助项目进行进度、质量、安全、物料、环境、劳务等全过程管理
Infraworks 2018	主要对项目进行地理信息 GIS 的导入与场景的模拟

3. BIM 实施情况

（1）BIM 建模

本项目根据 BIM 应用目标，制定各专业 BIM 模型命名规则、建模细度、配色方案等建模标准，并根据建模标准结合进度，创建全专业的施工图模型、基于施工图模型的深化设计模型、施工应用模型及竣工交付模型。

项目整体 BIM 模型如图 3-49 所示；BIM 建模范围及各专业 BIM 模型细度要求详见表 3-4。

BIM 模型细度要求 表 3-4

序号	BIM 模型	设计 BIM 的 LOD 要求	施工 BIM 的 LOD 要求	运维 BIM 的 LOD 要求
1	主体混凝土结构	LOD200	LOD300	LOD300
2	钢结构	LOD250	LOD400	LOD400
3	幕墙	LOD250	LOD400	LOD500
4	机电安装	LOD300	LOD400	LOD500
5	精装修	LOD200	LOD400	LOD400
6	消防	LOD300	LOD400	LOD500
7	园林景观	LOD200	LOD300	LOD400

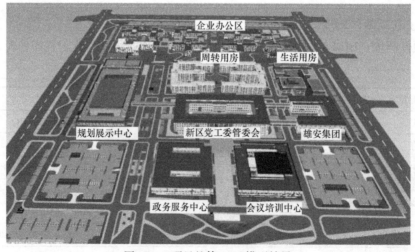

图 3-49　项目整体 BIM 模型效果

BIM 交付成果包括应用过程成果及最终成果。

BIM应用过程成果：提交各阶段BIM模型以及相关资料成果，包括深化图纸（如钢结构深化加工图），复杂节点模型、3D大样图，施工方案模拟资料（包括方案模型、方案模拟演示动画或视频）。对于各专业内、不同专业间的碰撞检查，提交检查报告，优化建议。对于设计变更，提交变更模型，变更前后对比资料及相关信息。

BIM应用最终成果：收集整理并整合各专业BIM模型，形成项目竣工BIM模型，交付业主。竣工BIM模型包括产品、构件、材料以及建造信息，产品信息如专业分包各设备规格、型号、生产厂家、生产日期、相关设备参数等；构建信息如主体梁、板、柱等的几何尺寸、混凝土强度等级、工程量等；材料信息如规格、型号等；建造信息如施工流水段划分情况、建造日期等信息。

（2）土建BIM技术应用

在设计模型基础及施工图的基础上，土建专业BIM人员及时将施工现场的设计变更、现场施工变更单内容在土建模型中进行更新，保证土建模型的完整性与施工现场的一致性，配合机电及精装修专业的设计模型深化工作（图3-50）。

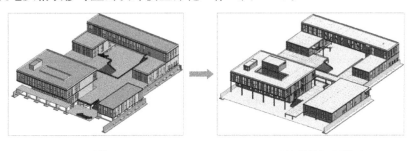

原设计模型　　　　　　　　　　　　　　添加设计变更后模型

图3-50　土建模型添加变更前后对比

（3）钢结构BIM技术应用

在设计模型基础及施工图的基础上，钢结构BIM深化设计团队使用Tekla进行钢结构模型的深化设计，使钢结构BIM模型达到LOD400的精细程度，并在工厂直接进行预制加工（图3-51）。

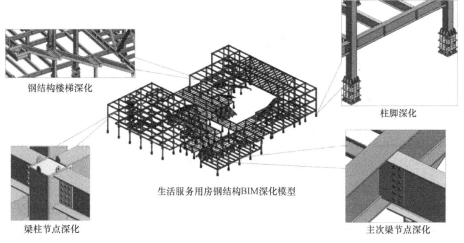

钢结构楼梯深化

柱脚深化

生活服务用房钢结构BIM深化模型

梁柱节点深化

主次梁节点深化

图3-51　钢结构模型深化

（4）机电 BIM 技术应用

在设计模型的基础上，利用设计模型的样板文件、标准族文件、机电建模标准进行施工阶段管线综合的深化设计，协调管综碰撞，出具净空分析图、局部剖面图，辅助机电进行深化设计，并对机电管道进行预制加工（图 3-52）。

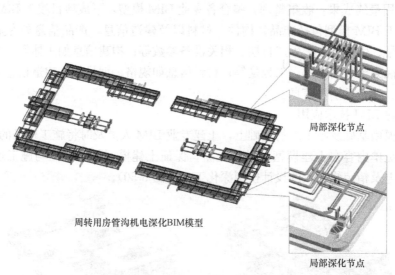

局部深化节点

周转用房管沟机电深化BIM模型

局部深化节点

图 3-52　机电模型深化

（5）装饰幕墙 BIM 技术应用

在初步精装方案的基础上建立精装 BIM 模型，包括外立面幕墙、内部地面、墙面、天花吊顶、龙骨吊杆等内容。协调精装修与机电及土建专业的碰撞，确定装修排布的合理性。与机电专业配合，确定最终的精装点位效果及安装净空（图 3-53）。

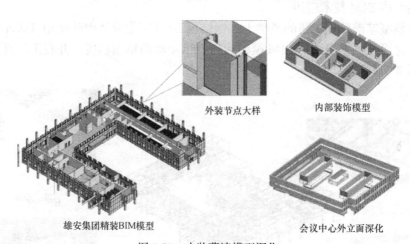

外装节点大样

内部装饰模型

雄安集团精装BIM模型

会议中心外立面深化

图 3-53　内装幕墙模型深化

（6）复杂节点模型应用

创建复杂节点模型，对复杂节点施工方式进行模拟，并应用于方案编写及技术交底中，直观体现节点处各构件位置关系，指导现场施工，提高施工质量与施工速度（图 3-54）。

（7）4D 施工进度模拟

依托于 BIM 三维模型，通过 Navis-works 软件对项目整体施工进度及各单体施工进度进行进度模拟，展示施工过程动态（图 3-55）。

4. 基于 BIM＋物联网等信息技术融合应用情况

（1）BIM＋物联网

项目采用装配式钢结构深度预制施工技术，在预制生产中把 Tekla 三维模拟软件和数控设备成熟地配套应用，缩短了技

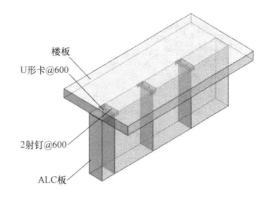

图 3-54　ALC 板构造节点模型

术人员拿出零件加工图的时间，节省了统计材料的时间，提高了技术人员的工作效率，使得各工序施工轻松化、简单化。

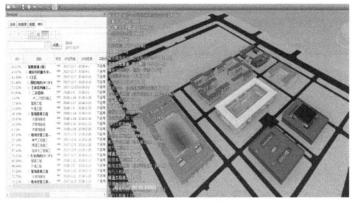

图 3-55　施工进度模拟

同时项目引入住房和城乡建设部开发的质量追溯体系，将构件信息上传至云端并与二维码关联，保证每一个钢结构构件的可追溯性，还原从模型创建信息一直到安装完成的所有过程（图 3-56）。

（2）BIM＋三维扫描

利用三维激光扫描仪进行实测实量，将所获得的现场点云数据与相应 BIM 模型整合对比，完成施工误差对比。三维扫描所获得的点云数据具有快速、准确、真实、客观等特点，在施工质量检验、验收等方面均发挥了较大的作用（图 3-57）。

（3）BIM＋VR 技术

虚拟现实技术（VR）是一种可以创建和体验虚拟世界的计算机仿真系统。它利用计算机生成一种模拟环境，是一种多源信息融合的交互式的三维动态视景和实体行为的系统仿真，使用户沉浸到该环境中。近年来在建筑装饰装修方案以及质量交底等环节有所应用。

本项目 BIM 模型汇总完成后，分阶段导入 VR 平台中，通过 VR 眼镜进行虚拟现实体验，通过虚拟现实的直观感受，对不同的装饰方案进行对比分析，辅助项目确定装饰方案并进行相应修改（图 3-58）。

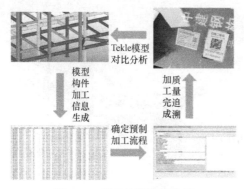

图 3-56　质量追溯体系流程　　　　　　　　　　图 3-57　三维扫描处理图

图 3-58　虚拟现实渲染效果图

（4）智慧建造系统创新应用

项目自主研发了一套 BIM＋智慧工地＋PM 管理的智慧建造系统，内容包含全景监控、进度管理、质量管理、安全管理、物料管理、环境管理、劳务管理、工程资料等多个模块，以信息化的手段管理项目建设的整个建造过程，以一个大数据中心为枢纽，承载项目建设的所有工程数据，打造建造过程的环境、数据、行为三个透明。最终实现资源数据的全面共享（图 3-59、图 3-60）。

图 3-59　智慧建造系统 web 端

进度管理：进度计划与模型相关联，根据实际情况及各工序穿插逻辑关系，编制施工进度计划并与 BIM 模型相关联，施工员每日进行现场实际进度的填报，对施工滞后工序在智慧建造平台上进行预警。有对节点的启动及完成预警功能。节点启动预警，关键节点或者里程碑节点可以通过设置关注度进行不同层级的预警，通过不同的颜色进行节点启动的集中的预警分析；节点完成预警：关键节点或者里程碑节点可以通过设置关注度进行不同层级的预警，通过不同的颜色进行节点完成的集中的预警分析。

图 3-60　智慧建造系统移动端

质量安全管理：基于 BIM 的智慧建造平台系统中录入质量安全管理的规定，项目质量安全管理人员能够通过平台完成质量安全部门的日常工作，质量安全管理的表单能够通过 BIM 模型参数相互关联。质量安全巡检及过程检查借助 BIM 模型进行现场定位。设置工程质量安全隐患、重点部位锚点。定时提醒巡查制度。

环境管理：项目通过物联网技术，采集项目环境、能耗、监测的实时数据，通过对数据进行分析，实现对现场环境的综合管控。

物料管理：实时汇总和展现钢筋、混凝土、砂石等主要材料从开工到现在为止累计收料情况和累计消耗情况。实时汇总和展现钢筋、混凝土、砂石等主要材料当月的收料情况和发料情况。实时汇总和展现主要构配件当月的收料情况和发料情况。实时汇总和展现主要构配件当月的运输状态。

劳务管理：显示项目实名制工人当前总数以及累计进场的工人总数；统计分包单位劳务人员出勤人数，便于管理人员掌握分包单位对工人的管理情况，避免分包单位管理不善、工人迟到、旷工的情况；汇总展示现场实时工人人数及班组出勤人数，可帮助管理了解每个队伍、班组当前进场人员情况。帮助管理人员动态监控在场劳务人员变化，掌握人数变化趋势。

全景监控：通过移动端、PC 端远程监控施工现场情况及施工进度，直观了解各区域的详细状况，跟踪生产进度，检查工人的工作状态。发现安全隐患并及时处理，最大限度地确保工人的安全，减轻灾难带来的损失。

（5）基于 BIM 的移动数字化加工

本项目在机电管道制作安装过程，引进了基于 BIM 的移动式数字化预制加工厂。

移动式数字化预制加工厂将成套预制加工设备安装在集装箱内，根据需求快速的部署到选好的场地，在最短时间内形成预制加工能力。本项目预制加工设备为管道切割、管道坡口、管道组对及管道焊接四道工序，配以自行式龙门起重机，形成流水作业，提前预制。

通过管道预制软件实现预制管道建模、生成管道安装平面图、生成管道单线图、生成预制管段图、生成设备材料明细清单、统计预制及现场焊口数量等；从三维 BIM 模型产生的各种材料表，可以帮助项目更好地进行材料控制，有助于及时开展材料集中采购，避免浪费；从三维模型产生的焊接工程量，可以计算加工周期及现场焊接时间，便于项目施工进度的整体安排。

数字化预制加工厂内大量采用自动焊接设备提高焊接质量和效率，自动焊的速度为人工的 4～6 倍，达到每小时 15～20m；焊接质量至少达到 15 年工龄焊工的水平。有效保证了项目的工期及履约（图 3-61）。

图 3-61　管道预制加工

（6）基于 BIM 的装配标准化

本项目企业临时办公区为装配式集成房屋。利用 BIM 软件，建立建筑、结构、水、暖、电、精装各个专业的 BIM 模型，进一步细化建筑、结构及各专业在方案设计阶段的协同，达到完善建筑、结构设计方案的目标。施工深化设计阶段利用 BIM 建立构件标准化拆分模型：①标准化户型；②预制构件拆分标准化设计；③预制集成房屋节点标准化设计；④各专业整体模型融合的单个集装箱 BIM 模型。包含：结构、建筑、装饰、机电等专业（图 3-62）。

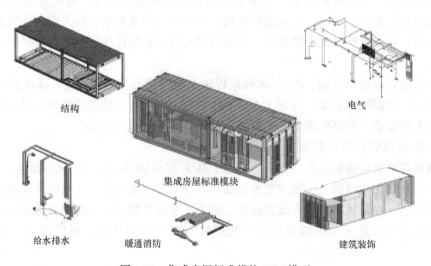

结构　　　　　　　　　　　　　　　　　　　　　　　电气

给水排水　　　　暖通消防　　　集成房屋标准模块　　　　建筑装饰

图 3-62　集成房屋标准模块 BIM 模型

（7）基于 BIM 的数字园区运维

项目运维阶段配置了 SOP-BIM 运维管理平台，实现运维期间对整个园区的智慧运维管理。

项目通过 SOP-BIM 运维管理平台，配合智能传感设备，对园区的人车流量、温湿度、设备运行及保养维修情况、房屋空置率、物业工单、水电能耗、停车场使用情况等实现智慧运营管理（图 3-63）。

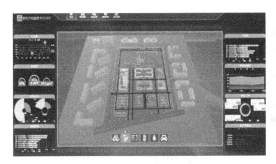

图 3-63 项目 SOP-BIM 运维管理平台 V1.0 界面

5. 信息化技术应用实施效果

通过引入信息化技术提升项目设计、施工、运营全过程的管理水平。在合同约定的五个月建设周期内，克服了严寒气候、交通不便、建筑功能复杂等诸多不利影响，完成了从设计到施工到交付运营的完美履约，在国内创造了新型投资建设模式、大体量工程建造速度和钢结构装配式工程质量的多重样板，实现了经济效益和社会效益的双丰收。

（1）经济效益

根据对施工过程中所应用技术的测算，主要贡献在于缩短了项目的信息传递周期，提高了项目现场的管理效率，预计工期收益在 30 天左右。同时，项目基于 BIM 的管线综合技术、机电管线及设备工厂化预制技术、钢结构基于 BIM 的深化设计、钢与混凝土组合结构应用技术节约了材料，缩短了现场施工周期，预计产生约 200 万元的经济价值。而智慧工地与 BIM 全周期应用估算为项目建造及后期运营创造效益约 300 万元。

（2）社会效益

本项目作为国家级新区建设的首个房建类工程，社会关注度极高。37 次登上中央电视台、人民网等主流媒体；此外，众多本地媒体也在施工期间对项目进行了专访。其中智能化，智慧工地多次成为报道的专题，不仅体现了企业的品牌实力，更是对我国建筑业信息化、智能化发展的有力宣传和高度肯定，为我国建造水平发展起到了一定的推动作用。

项目在建设过程中始终贯彻"创新、协调、绿色、开放、共享"的发展理念，强化执行，狠抓落实，在绿色设计、装配式施工、智慧建造等方向都有所突破，或成为中国乃至世界未来城市发展的重要节点。

3.3.3 北京某保障房项目公租房地块施工信息化技术应用

1. 项目概况

北京某保障房项目公租房地块包括 3～8 号住宅楼及地下车库、配套商业。总建面积 $188500m^2$，地下建筑面积 $64800m^2$，地上建筑面积 $123700m^2$。其中 3 号、5～8 号住宅楼从地上 4 层开始为全装配式住宅楼，4 号住宅楼为超低能耗被动房（图 3-64）。

图 3-64 项目概况图

2. 本工程重难点

（1）项目部对大批量预制构件运输、现场存放的道路要求高；项目部对预制构件的数量多、体积大，预制构件的成品保护要求高。

（2）本工程为群体工程，楼栋多，每栋楼都要配置塔吊，场地狭小，对群塔的管理难度大。具体详见表 3-5。

项目重难点分析表   表 3-5

序号	项目重点/难点	应对措施	应用 BIM 解决的内容
1	构件运输与存放；构件种类多，场地狭小	1. 构件厂家严格按照设计吊装顺序进行装车出厂； 2. 构件厂对构件装车重量和数量进行合理安排； 3. 现场根据施工要求进行场地硬化和存放点布置	针对此难点，应用 BIM 技术对施工阶段场地平面布置模拟，针对构件存放点进行策划
2	人员组织难度高，装配式建筑节点工艺复杂，新工艺质量控制难度高	1. 对施工人员进行产业化施工技术培训； 2. 现场工人操作执行旁站监督； 3. 组织工种之间的施工	针对此难点，应用 BIM 三维可视化交底技术，用动画形式表现装配式施工工艺，辅助项目对劳务人员进行施工交底
3	建筑外形复杂，双曲面弧形飘板结构施工难度大，每个支撑点标高都可能不一样变，弧形曲线放样、模板支设、标高把控难度增加	弧形曲线放样点位深化； 模板按 500mm 每块进行切割； 对施工人员进行技术培训	针对此难点，应用 BIM＋放样机器人技术对现场实际搭设的模板标高采用放样机器人进行复核并对弧形曲线进行放样

序号	项目重点/难点	应对措施	应用BIM解决的内容
4	外架搭设难度大	1. 对外架搭设的连墙点与设计协商提前预留孔洞； 2. 编制施工专项施工方案； 3. 制定现场应急预案； 4. 对操作工人进行专业培训	针对此难点，应用BIM技术参与专项方案编制过程，辅助项目对施工人员进行外架搭设可视化交底

3. BIM实施情况

（1）BIM基础应用，详见表3-6。

BIM基础应用列表　　　　　　　　　　　　表3-6

序号	应用点	实施目标
1	模型建立	为BIM应用提供模型基础
2	BIM审图	提前审查图纸问题、辅助项目图纸会审
3	构件碰撞检测	提前发现构件尺寸错误
4	工程量统计	提取构件、混凝土工程量为生产部门提供数据基础
5	构件堆放管理	辅助构件进场管理
6	施工方案模拟	辅助项目编制施工方案
7	3D打印	辅助项目展示样板间户型
8	全景漫游	辅助项目工作汇报
9	可视化汇报	辅助项目进行工作汇报
10	4D分析	对施工进度进行跟踪分析

1）模型建立，详见表3-7和3-8。

构件模型列表（共计300余个）　　　　　　　　表3-7

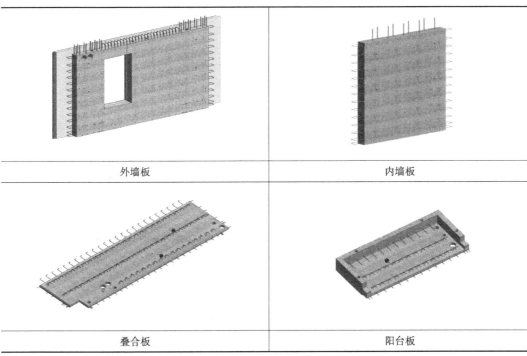

外墙板	内墙板
叠合板	阳台板

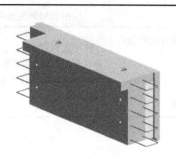	
女儿墙板	楼梯板

主楼模型列表 表 3-8

3 号楼土建模型	4 号楼土建模型

5 号楼土建模型	6 号楼土建模型

7 号楼土建模型	8 号楼土建模型

配套 PT2、3、4 土建模型	整体机电模型

应用总结：本项目装配式剪力墙结构，外形复杂，配套飘板上下起伏，模型的建立直观地表达施工图，准确表达装配式构件预拼装效果，有效辅助项目施工班组对施工图的理解，为后续 BIM 的应用提供了模型载体。

软件应用总结：本项目采用的 REVIT2016 软件进行模型建立，针对现浇结构和机电专业模型建立，此软件实用性很强，借助二次开发的插件，建模速度较快；但针对装配式结构模型的建立此软件有很大的局限性，此软件没有装配式构件族库，并且设计端装配式构件未形成标准化，每个项目均属于"定制构件"范畴，通过制作构件族形成项目构件族库，但构件制作十分耗时，建立的构件库仅使用于本项目，可复制性有限。

装配式施工工艺复杂，建模同"搭积木"一样，拆分得很细，建立的构件模型通过预拼装形成整体，装配式模型体量和现浇结构体量相比较，同样面积和精度，装配式模型体量是现浇结构的 4 倍左右。同样配置的电脑运行装配式模型，运转速度相对较慢。

图 3-65 预制墙构件与 PCF 板碰撞

建议考虑电脑硬件运行速度，装配式模型建立前需根据楼层面积及层数提前把模型进行拆分，单个模型体量控制在 100MB 以内。

2）碰撞检测

构件搭建完成后，核对构件图和模型构件的尺寸，确保构件尺寸一致，随后对搭建完成的装配式结构模型运行构件碰撞检测（图 3-65、图 3-66）。

应用效果：通过 Navisworks 软件进行构件碰撞检测，可精确地发现构件碰撞问题，通过筛查发现预制板水平向钢筋和竖向构件钢筋碰撞问题偏多，其次有局部构件尺寸与平面图不一致导致构件碰撞的问题，通过前期的工作，消除了很大一部分构件碰撞问题。

3）施工方案模拟

施工模拟首先要确定模拟的对象及具体模拟内容，通过建立施工方案模型，对在方案中所涉及的新工艺以及复杂节点的施工进行更细化的施工模拟，将其施工步骤、逻辑关系和详细做法直观地呈现出来，辅助项目更直观地梳理施工方案（图 3-67）。

① 现浇部分墙体、顶板后浇带支撑体系，详见表 3-9。

项目名称：百子湾公租房项目				建模时间：
所含专业：结构				
编号	图纸名称	问题类型	问题位置	问题截图
1	6-I#，6-II#平面-0923构件平面图-zh-170118-C	碰撞问题	6-E4轴	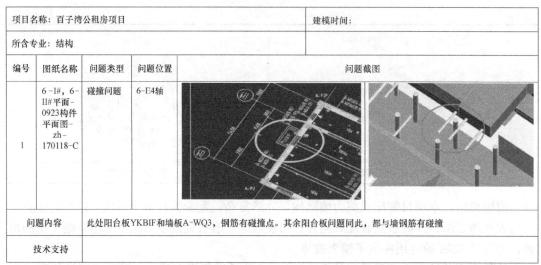
问题内容		此处阳台板YKBIF和墙板A-WQ3，钢筋有碰撞点。其余阳台板问题同此，都与墙钢筋有碰撞		
技术支持				

图 3-66　碰撞检测报告

```
百子湾BIM小组          BIM组长            专业BIM工程师
接收工作任务    →    确定方案模拟内容    →    建立方案模型
                                                   ↑ ↓ 否
                  否
   ┌────────────────────────────────┐           ↓
项目技术主管         专业BIM工程师        项目技术主管
   审核      ←    方案模拟(视频或照片)  ←是  审核方案模型
                                          ↓ 是
          是          BIM组长
           →       成果提交(视频或照片)
```

图 3-67　施工方案模拟工作流程

模型成果列表　　　　　　　　　　　　　　　　表 3-9

序号	模拟内容	模拟成果
1	现浇墙体模板加固	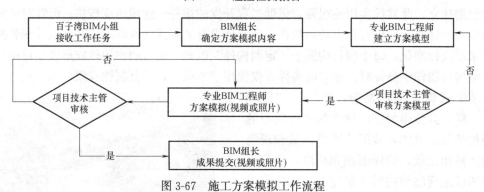
2	顶板后浇带独立支撑	

序号	模拟内容	模拟成果
3	梁柱节点模板加固	
4	现浇层(首层至装配层)悬挑外防护架	

② 对装配式施工工艺进行模拟（图 3-68～图 3-70）。

图 3-68　T形节点区模板支设与加固施工做法

图 3-69　L形节点区模板支设与加固施工做法

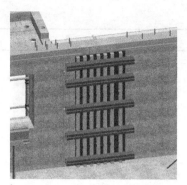 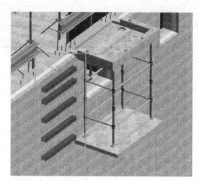

图 3-70 "一"形节点区模板支设与加固施工做法

③ 对装配层外防护架安装进行模拟，详见表 3-10。

模拟成果列表　　　　　　　　　　　　表 3-10

序号	模拟内容	模拟成果
1	装配层转角处防护架悬挑做法	135°组合型钢三脚架
2	标准装配层外防护架单体	

应用效果：通过 BIM 技术三维可视化特点，提前对装配式施工工艺、外防护架安装进行模拟，有效辅助施工方案三维可视化表达，提升劳务人员对装配式施工工艺及其他方案的理解。

施工方案模拟不是简单地根据施工做法制作三维工序模型，需在模拟过程借助 BIM 三维可视化特点辅助技术部门发现方案中的不足，优化施工方案。

（2）BIM 创新应用，详见表 3-11。

创新应用点列表　　　　　　　　　　　　　　　　表 3-11

序号	应用点	实施目标
1	三维可视化技术交底	辅助项目进行施工技术交底
2	BIM＋放样机器人	进行飘板弧形曲线三维可视化放样
3	自主平台	辅助项目日常工作管理
4	手机 APP 应用	辅助项目日常工作管理

1）三维可视化技术交底

装配式施工工艺新颖，通过 Revit 建立施工工艺节点模型，利用 3DMax 模拟预制墙体安装、封仓、灌浆、现浇节点区钢筋绑扎、模板安装、预制叠合板安装、楼梯吊装施工工艺，将施工工序动画演示进行配音后，转化为二维码，并上传至项目级协同平台，向班组进行技术交底，班组人员可随时通过手机扫描二维码，查看施工工艺做法。工作流程如图 3-71 所示，成果如图 3-72 所示。

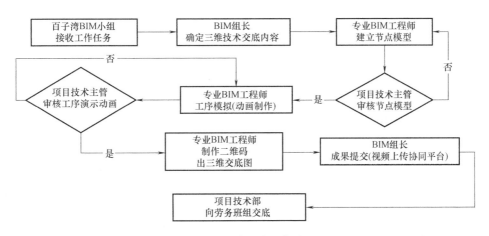

图 3-71　三维交底工作流程

应用成效：针对复杂节点、新工艺，采用三维可视化交底体系向施工班组进行技术交底，有效辅助施工班组对新工艺的理解与认知，此项应用已十分成熟，可在项目上进行推广应用。

2）自主平台

项目采用自主研发的协同平台，辅助项目管理工作。应用项主要有环境监测、图纸管理、模型查看、劳务人员管理、施工日志、4D 进度分析、技术交底等应用。

基于协同平台的图纸管理，由专人负责图纸的上传，各参与方通过平台下载图纸，规

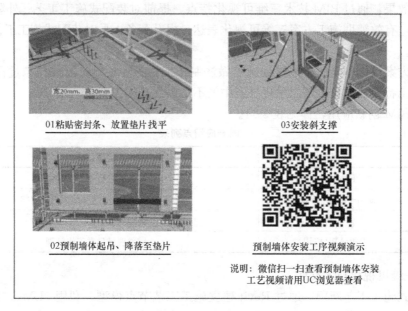

01粘贴密封条、放置垫片找平　　　03安装斜支撑

02预制墙体起吊、降落至垫片　　　预制墙体安装工序视频演示

说明：微信扫一扫查看预制墙体安装
工艺视频请用UC浏览器查看

图 3-72　三维交底工作流程

避了图纸版本传统 U 盘拷贝文件不全、漏传错发等现象，同时借助手机端 App 在现场可查看图纸并进行标记。

　　基于平台的模型查看，将轻量化模型上传平台，可查看模型构件相关属性信息，通过剖面框查看相关视图，平台具备基础的模型操作功能。

　　基于平台劳务人员管理，闸机系统与平台对接，后台可读取每日进入施工现场各工种人员信息，辅助项目分析每日劳动力情况。

　　平台 4D 进度分析模块，通过对施工进度进行跟踪分析，形成进度跟踪分析报告，上传平台，生产部门可通过平台及时查看进度跟踪分析情况。

　　平台技术交底模块，对装配式施工工艺制作三维技术交底，形成可视化视频上传平台，辅助项目对劳务人员进行培训、交底，加深劳务人员对装配式施工工艺的理解，掌握操作要点，提供可视化帮助。协同平台应用详见表 3-12。

协同平台应用列表　　　　　　　　　　　　　　　　　　　表 3-12

平台项目	自主平台模块界面
协同平台主界面	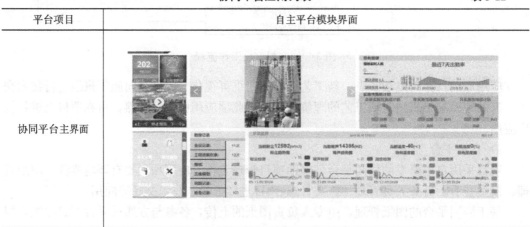

续表

平台项目	自主平台模块界面
模型查看界面	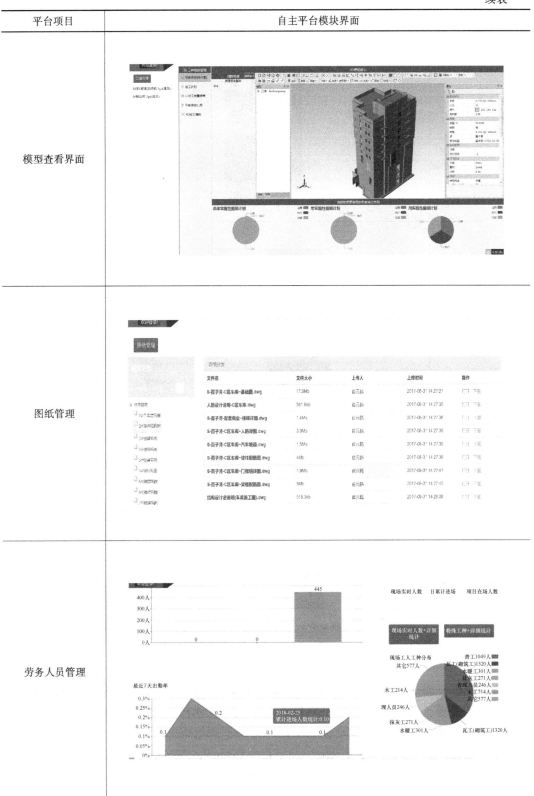
图纸管理	
劳务人员管理	

续表

平台项目	自主平台模块界面
施工日志	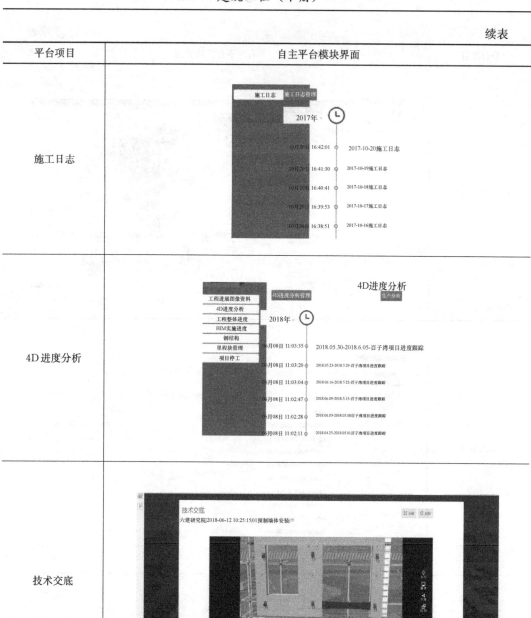
4D进度分析	
技术交底	

应用成效：通过项目协同平台应用，有效辅助项目对施工方案、图纸、施工日志等资料的管理；通过闸机系统采集进场劳务人员信息，让现场工种及人数通过图表形式呈现在平台界面，辅助生产部门通过平台即可掌握现场每日施工工种和人数，为生产部门分析进度提供了数据支撑；通过 4D 进度分析应用，生产部门可通过平台及时查看进度分析报告，了解进度分析情况；通过平台技术交底应用，有效辅助了项目对施工班组进行交底。

（3）BIM 示范应用，详见表 3-13。

示范应用点列表 表 3-13

序号	应用点	示范性
1	三维可视化技术交底	此交底方式，可借鉴，可复制
2	BIM+放样机器人	提升工作效率及施工放样准确性

BIM＋放样机器人实施

双曲面弧形飘板施工难点：飘板上下起伏，每间隔约 500mm，标高变化一次，施工难度大。

目标：要保证弧形梁高低起伏及弧度自然顺畅，因此对弧形边的测量放样准确性要求高，为保证飘板弧形梁放样准确，引入了 BIM 放样机器人和飘板 BIM 模型相结合进行飘板的现场放样，并和传统的测量放样方法进行对比，及两者放样的成果进行对比分析。成果如图 3-73～图 3-76 所示，工作流程如图 3-77 所示。

图 3-73 配套 pt4

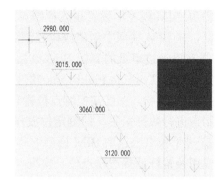

图 3-74 飘板局部标高变化

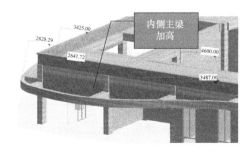

图 3-75 飘板下浮做法

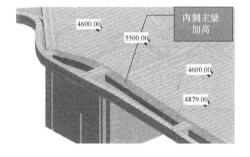

图 3-76 飘板上浮做法

放样工作要求：

① 做好前期的放样准备工作；放样模型要审核通过，现场勘察，复测可通视点坐标，确保可通视点坐标准确无误；

② 内业模型处理；坐标系换算为现场坐标系，数据提取要完整；

③ 外业放样工作过程要留记录，对所用到的可通视点坐标均要保存好并在图中做好标记，为后续放样复测工作做好准备。

BIM 放样机器人实施技术路径：

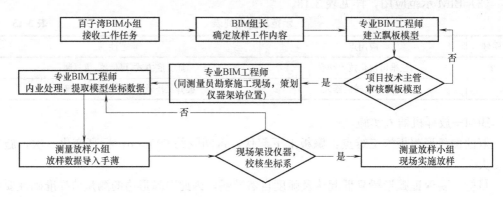

图 3-77　放样机器人工作流程

① 创建飘板 BIM 模型；借助 Revit2016 软件，利用体量及空间放样的方法还原原设计飘板空间曲线；

② 从 BIM 模型中设置现场控制点坐标和建筑物结构点坐标分量作为 BIM 模型复合对比依据，在 BIM 模型中创建放样控制点；

③ 在已通过审批的飘板 BIM 模型中；按路径每隔 500mm 抓取放样点位，并将所有的放样点导入 Trimble Field Link 软件中；

④ 进入现场，在已知控制点位进行放样机器人架站，使用 BIM 放样机器人对现场放样控制点进行数据采集，即刻定位放样机器人的现场坐标；

⑤ 过平板电脑选取 BIM 模型中所需放样点；指挥机器人发射红外激光自动照准现实点位或用棱镜杆捕捉放样点位，实现"所见点即所得"，从而将 BIM 模型精确的反映到施工现场。应用总结详见表 3-14。

应用总结表　　　　　　　　　　　　　　　　　　　　表 3-14

BIM 放样机器人放样长度：100m，放样点位 200 个		
工作内容	人工投入（h）	质量
内业模型数据处理	2	自动提取点位数据，数据准确
外业架站 1 次	1.5	和全站仪架站一样
外业放样	3	经复测放样点位，十分准确，误差在 2mm

质量：经复测，BIM 放样机器人所放样点位准确度极高，误差在 2mm 范围内，而传统测量放样点位，经复测，易出错可能性增加。点位复测过程照片如图 3-78、图 3-79 所示。

4. 信息化技术应用实施效果

（1）经验体会

本项目在 BIM 实施过程中虽遇到一些问题及难点，但在项目 BIM 团队的努力下也取得了一定的成果。应用 BIM 技术解决了部分技术问题及难点，对项目施工管理起到一定的辅助作用，项目在 BIM 基础应用及创新应用取得了一定的成效。

通过应用三维可视化技术交底，有效地辅助了项目对装配式施工工艺向施工班组进行交底，对培养产业化施工队伍积累三维可视化经验，形成直接有效的技术交底体系，具备可复制性和推广性。

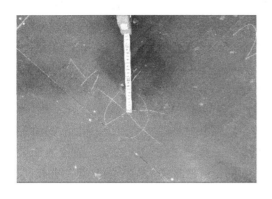
图 3-78　放样点位复测偏差

图 3-79　放样点位复测，点位吻合

通过采用 BIM＋放样机器人，应用于配套飘板双曲面弧形曲线标高复测和弧形曲线放样，提高了工作效率，为双曲面弧形飘板施工质量提供了技术保障，辅助项目提升了解决异性曲面的技术水平，推进了建筑信息模型在项目上的应用的深度。

（2）经验教训

在 BIM 实施过程中主要遇到的问题主要有：人才流失、BIM 应用大环境的客观现状、前期 BIM 应用策划有所欠缺。

1）人才流失。随着 BIM 应用的推广，项目培养出的 BIM 人才所面临的就业选择机会更多，人员的离职会导致 BIM 实施工作衔接出现或大或小的问题，影响 BIM 实施工作进度，新的人员对前期工作不了解，技术水平及团队工作流程需重新培训贯标。

2）各方需求不同，BIM 应用难以形成闭环。本项目 BIM 应用由总包牵头仅在施工阶段进行，而装配式项目 BIM 应用更倾向于前期做 BIM 正向设计，在构件深化设计阶段利用 BIM 技术解决构件预拼装可能出现的问题，优化施工措施项及预留洞口，确保深化后的构件与构件间零碰撞，将构件预拼装可能出现的问题在设计阶段彻底解决，施工阶段承接设计模型，更有利于 BIM 应用成果的落地。

3）装配式模型搭建投入人工成本高，软硬件受限，电脑运转速度较慢，比较耗时。装配式模型由构件拼装而成，Revit 软件无装配式构件族库，每个构件均需做族，同样的电脑配置，做相同体量的装配式模型和现浇结构模型，电脑运行装配式模型的速度相对较慢。

4）在应用 BIM＋放样机器人进行可视化放样过程中遇到之前所留的测量点坐标损坏，可用的可通视坐标点不多，虽然通过一定的方法克服了坐标点缺少难题，但也充分体现了前期 BIM 应用策划中对后续坐标点考虑不周，导致增加额外的工作量。

（3）BIM 应用示范价值

通过 BIM 的实施，在三维可视化交底、可视化汇报、BIM＋放样机器人应用，通过项目实践取得了一定的成效，将 BIM 模型应用到了实处，有效辅助了施工班组对装配式新工艺的理解与认知，提升了双曲面弧形飘板放样的工作效率，保证了弧形曲面放样的准确性，推进了 BIM 的应用深度。

（4）推广前景

装配式项目的 BIM 应用需依据各方的关注点，根据建设方、设计、构件厂、施工各方的实际需求做好前期的 BIM 应用策划，装配式项目更倾向于 BIM 做正向设计，BIM 实施是一项集体"运动"，贯彻到整个到整个产业链；建议由建设方牵头，从设计阶段即开始应用 BIM 技术做正向设计，在构件深化设计阶段，施工方参与，配合构件施工措施项的深化，模拟构件预拼装可能出现的问题，了解设计模型情况，和设计协同办公，将施工前期准备工作前置，设计过程即对阶段性设计模型进行审查，机电管线综合排布进行把关，施工和设计的提前对接，借助 BIM 技术将图纸会审的工作进行了前置，更有利于节省工期。

施工阶段施工方承接设计模型，在设计模型的基础上完成施工图深化，并借助协同平台实现通过 BIM 模型和设计方基于模型的沟通协调，提升工作沟通效率。建设方牵头，各参与方密切配合，服务各方工作本身的同时，推进建筑信息模型的应用深度，更有利于 BIM 成果的落地，体现 BIM 价值。

3.3.4 北京某超高层项目施工信息化技术应用

1. 项目概况

（1）项目基本情况

北京某超高层项目位于北京市朝阳区 CBD 核心区 Z15 地块，占地面积 11478m^2，地上 108 层，地下 7 层，为首幢在八度抗震设防烈度地区超过 500m 的超高层建筑，北京市第一高楼（图 3-80）。

图 3-80 北京某超高层项目效果图

（2）项目重难点

1）工期紧张：本项目工期仅为 62 个月，同类超高层项目中工期最短；

2）工艺复杂：各专业施工工艺复杂且存在多专业间的相互影响；

3）参建方多、协调难度大；

4）品质要求高：项目影响力大，品质要求高。

（3）BIM 实施目标

应用 BIM 技术提高专业服务水平，提升项目品质；借助 BIM 技术将复杂工程可视化，协调各专业工作；通过 BIM 得到工程基础数据，辅助工程造价的管理；通过项目数据管理平台实现施工阶段各参建方 BIM 数据共享。

2. BIM 应用实施

（1）BIM 建模

本工程合同中涉及的所有专业都建立与图纸相对应的 BIM 模型。最终交付一套完整的与建筑实体相一致的 BIM 竣工模型。模型深度和信息录入情况达到《北京某超高层项目 BIM 实施导则》中所规定的要求。模型包含：混凝土结构（不含钢筋）、钢结构、幕墙、装饰装修、电梯、机电管线及设备等。

（2）深化设计

在深化设计工作中全面应用 BIM 技术。对钢结构、幕墙、机电等设计软件比较成熟的专业工程，利用各自的专业软件，直接实现以 BIM 技术进行深化设计。对土建结构、装饰装修等工程，传统的二维图纸深化设计暂时还无法取代，在深化设计过程中同步建立 BIM 模型，两者互为补充，提升设计深度和准确度。

（3）模型综合协调及碰撞检查

本工程各专业深化设计完成之后，总承包整合模型并分楼层进行 BIM 模型综合协调及碰撞检查工作，核对深化设计成果，最大程度减少拆改返工。多专业模型综合协调如图 3-81 所示。

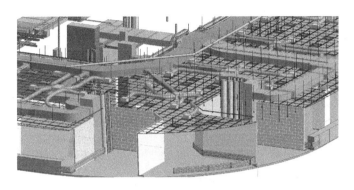

图 3-81　多专业模型综合协调

（4）工程进度模拟

各专业工程施工前一个月内相关单位提交 BIM4D 模拟，利用模拟视频文件对施工进度的合理性进行分析，并对进度计划进行优化和调整。除总体施工进度 4D 模拟外，对专业性较强的工序及关注度较高的施工区域。

（5）施工方案辅助及工艺模拟

施工方案模拟的主要目的，是用预演来分析方案的合理性，补充方案的不足点，协助施工人员充分理解和执行方案的要求。模拟内容在施工阶段将与现场实际需求相匹配。施工方案模拟讨论会如图 3-82 所示。

图 3-82　施工方案模拟讨论会

（6）信息平台

使用 Bentley Project Wise 作为本项目数据协同管理平台，该平台对内作为信息数据库，将项目施工管理的信息储存在此平台上；对外与业主单位、设计单位形成协同共享，将图纸、模型、公文等内容同步，形成项目专用的信息传递工具。项目实施过程中及竣工后皆可通过此平台完成各类信息查询和追溯。信息平台工作流程图如图 3-83 所示。

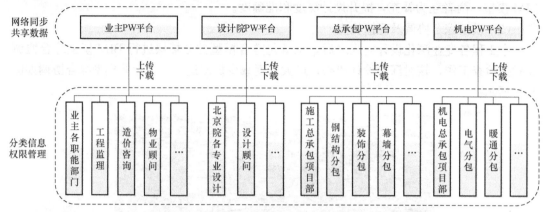

图 3-83　信息平台工作流程图

图 3-84　点云数据与机电深化模型整合

（7）三维激光扫描

项目使用三维激光扫描仪，真实还原现场实际情况。并将 BIM 模型与三维点云数据相结合，实现结构施工误差分析、机电管线深化设计验证、装饰装修深化设计验证、基于点云的深化设计及预制加工等多项目。点云数据与机电深化模型整合如图 3-84 所示。

（8）BIM 移动平台

为了实现精细化建造，项目采用移动设备通过移动管理平台查看模型辅助现场施工管理。巡检过程中，通过模型与现场施工完成情况进行对比，一方面检查现场施工质量问题，另一方面保证模型与现场实际施工的一致性。BIM 移动设备辅助施工管理如图 3-85 所示。

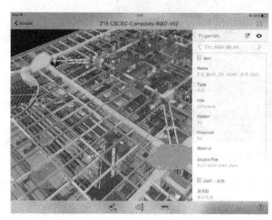

图 3-85　BIM 移动设备辅助施工管理

3. 应用总结

（1）项目效果总结

该项目以 BIM 为平台将建筑规划、设计、施工、运营全生命期内的所需要各类信息数据整合到一起，加快了项目进度、缩短了项目工期、降低了项目成本，在诠释节能减排、主要应用点概念的同时，也为未来运维阶段的信息化、数字化建筑管理建立良好的技术基础。

（2）BIM 应用方法总结

BIM 作为先进的建造领域技术，需要在过程中有与之匹配的管理理念和管理方法共同为项目创造价值。项目在 BIM 实践过程中，探索出一套基于 BIM 的超高层管理流程和方法，在多单位协同、标准化模型传递、解决实际问题等方面起到突出作用。同时，项目团队形成了一套可创效且可在其他项目复用的管理方法，为整个超高层建设项目管理水平的进度发挥了很大的推动作用。

（3）BIM 人才培养总结

该项目所有 BIM 专职和参与人员超过 100 人，在不同的应用领域均培养了一批有实践经验、同时又具备专业知识的工程师。这些经验丰富的复合型人才，随着 BIM 技术的逐步发展，在各自专业领域仍然能够发挥出领先的技术水平，对推动 BIM 的发展作出持续的贡献。

3.4　工料机械数据分析标准及编码规则解读

为统一建筑业工料机"信息语言"，促进 BIM 在项目全生命周期中的推广使用，在建筑项目设计阶段、造价定额编制阶段、招标投标阶段、采购加工阶段、施工管理阶段、竣工验收阶段、运营维护阶段规范工料机信息数据的收集、整理、分析、发布与交换，北京市建筑业联合会组织编写颁布了《建设工程人工材料设备机械数据分类标准及编码规则》（以下简称《标准》）T/BCAT 0001 及使用指南。

3.4.1　《标准》的实质内涵

《标准》的实质内涵是解决信息的基础语言问题。

近些年来，在推广使用信息技术的过程中，存在一个普遍现象，许许多多的企业出于发展的需要，纷纷建立企业的人工材料设备机械信息库（简称工料机平台）。从社会效果看，这些工料机平台自成体系，服务各自企业。然而它们又犹如一座座信息孤岛，互不兼容，信息无法共享。除此之外，搭建工料机平台，需要人、财、物持续的支持。而对许多企业来讲，没有相应的人才储备，又无力承担那么多资金。

信息无法共享，耗费大量人力、物力，不仅存在严重的浪费现象，而且有悖于资源节约型发展的基本国策。

"孤岛效应"问题的根源之一是"信息的基础语言"五花八门，没有统一的标准。简而言之，就是没有基于工料机科学分类基础上的统一的编码规则。

制定统一、实用的编码规则，既是广大企业的呼声和诉求，更是建设行业推广应用互联网＋技术的基础要素。

3.4.2 《标准》的基本内容

《标准》主要包括三部分。

1）工料机的分类标准。运用科学的理论和方法，制定工料机的分类标准。列入这里分类的材料设备，是标准、常用的材料设备。

2）工料机的编码规则。在分类标准的基础上，制定工料机的编码规则，也就是编制工料机信息管理的"基础语言"。

3）《标准》的适用范围，如何理解和应用编码规则。

3.4.3 《标准》对工料机的分类

对工料机作科学的分类，是工料机编码的前提之一。

1. 分类的理论依据

《标准》在工料机分类上，采用了线形分类法、面分类法和混合分类法。

（1）线形分类法，又称为层次分类法。它是按照总结出的研究对象之共有属性和特征项，以不同的属性或特征项（或它们的组合）为分类依据，按先后顺序建立一个层次分明、下一层级严格唯一对应上一层级的分类体系。把研究的所有对象个体按照属性和特征逐层找出归类途径，最终归到最低分类层级类目。

线形分类法的优点：层次好，类目之间逻辑关系清晰，使用方便，便于计算机对信息的处理。

（2）面分类法，也称平行分类法。它是把拟分类的商品集合总体，根据其本身固有的属性或特征，分成相互之间没有隶属关系的面，每个面都包含一组类目。将某个面中的一种类目与另一个面的一种类目组合在一起，成为一个复合类目。

面分类法，将整形码分为若干码段，一个码段定义事物的一重意义，需要定义多重意义就采用多个码段。

现实生活中，面分类法应用广泛。用面分类法梳理的类目可以较大量地扩充，结构弹性好，不必预先确定好最后的分组，适用于计算机管理。

（3）混合分类法。由线性分类法和面分类法组合的分类方法，称之为混合分类方法。混合分类方法可以先进行线性分类再进行面分类，亦可以先进行面分类，再进行线性分类。

2. 分类遵循的原则

《标准》对工料机的分类，遵循了以下 6 条原则。

（1）继承性

在继承《建设工程人工材料设备机械数据标准》GB/T 50851 分类的基础上，对其进行了修正、补充、完善、细化了分类标准。

经过梳理，发现《建设工程人工材料设备机械数据标准》GB/T 50851 二级子类中的材料设备，存在"已禁止使用和不再使用的""分类不合理的""分类术语不规范"等问题，特别是缺乏 2013 年后已投入使用的新材料新设备。对"已禁止使用和不再使用的"设备，予以删除。对"分类不合理"的材料设备，作重新整合、划分。对"分类术语不规范的"，予以规范。增加和补充了一批新的材料设备。使原二级子类得到完善和优化。

《标准》还细化了二级子类。在二级子类项下，新设立三级子类。在三级子类项下，细化设立四级子类。《标准》将材料设备的特征属性区分为属性项和属性值。四级子类就是材料设备的特征属性。

在上述分类的基础上，制定了编码的规则。

（2）科学性

在分类结构体系上，《标准》将工料机的分类划分为三级或四级结构体系。

对材料设备进行线性分类及面分类时，每一个层级的节点及其特征属性，都是在不断的平衡中形成的。《标准》对每个大类下的二级子类、三级子类的数量控制，对应的特征属性的数量控制都做了原则规定，既保证了网络检索查询的便捷性，又保证了描述的简单性。这种线面结合的分类体系，把人工处理与计算机处理有机结合起来，达到了协调统一。

在分类方法上，采用了《信息分类和编码的基本原则与方法》GB/T 7027 中的混合分类法，既考虑了分类的明确性，又考虑了适用性。

在材料与设备划分上，严格按照建设部 2000 年发布的《关于工程建设设备与材料划分》中相关规定与说明，进行分类。

（3）实用性

实用性是来自大众长期并认可的体验习惯，体现在《标准》的编制中。如：将材料设备按照"先通用、后专业"的顺序排布；满足建设项目各个阶段中，对工料机信息的不同应用；坚持实用性，还体现下述两点：

一是，《标准》认可，《建设工程人工材料设备机械数据标准》GB/T 50851 一级大类、二级子类的结构模式，是经过科学分析和用户长期使用验证得来的。两级分类结构，考虑了用户对数据信息的查询路径。

结构分类，在统计类别的数量控制上，依据用户长期体验，定在 15~20 个之间，《标准》采信并予以继承。

二是，《标准》对分类结构的贡献是：补充、完善了原二级子类；在二级子类项下细化出三级子类；在三级子类项下细化出四级子类。四级子类实际是为三级子类配置的特征属性（含属性项和属性值），属性项控制在 4~8 个之间，也是考虑了用户体验。

（4）扩充性

《标准》考虑到伴随技术的进步，会不断有新的材料设备问世并投入使用，材料设备分类架构虽然稳定，但也可以吸纳、扩充，将其排列进相应的类别。《标准》设计的类别码基本上取的是奇数，偶数为预留的位码，以便新增类别扩充使用。

《标准》设计的材料设备特征属性编码，也是可以扩充的。同一个三级子类或四级子类下，特征属性之间是相互独立的。这种独立性，适应了材料设备随应用主体在不同阶段的需求。如在项目的设计阶段、工程造价编制阶段、工程物资采购阶段，设计人员、预算人员、采购人员关注的材料设备属性是截然不同的。他们即便选择同一种材料设备，因选择的属性项和属性值不同，其编码也会不同。

（5）标准化。

材料设备信息数据的交互与共享，离不开科学严谨的把控。《标准》对材料设备分类及特征属性命名，严格执行现行国家有关法规、政策和标准。

《标准》规定：工料机分类及特征属性命名，要有标准依据。即有国家标准的，遵循国家标准命名；国家标准没有的，依据行业标准；行业标准没有的，依据地方标准。以此类推。在没有标准依据的情况下，分类名的命名以互联网上名称频次最高的方式来确定。

《标准》还规定：建设工程人工材料设备机械数据分类、特征描述及信息数据交换等，除应符合本标准外，还应符合国家现行的其他相关标准。

（6）清晰性

表现为两点：一是，材料设备分类，实行纬度一致；分类类别名称的命名，需简单、易懂。二是，材料设备信息的基本特征与应用特征的分离，使原本复杂的应用变得简单、清晰。材料设备的基础数据与应用数据分离，使采集、管理、应用都方便。

3. 分类的结构体系

《标准》依据线形分类法，将工料机划分的一级大类，包含人工、材料、设备、机械类别。

在一级大类下，划分出二级子类；二级子类下，划分出三级子类。运用线、面混合分类法，在三级子类下划分出四级子类。

（1）框架体系

《标准》对工料机的分类，实行三级和四级框架体系。

1）三级框架体系，含有一级大类、二级子类、三级子类。三级子类表示的是特征属性（图 3-86）。

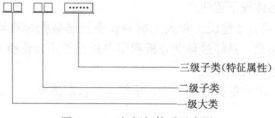

图 3-86　三级框架体系示意图

2）四级框架体系，含有一级大类、二级子类、三级子类和四级子类。四级子类表示的是特征属性（图 3-87）。

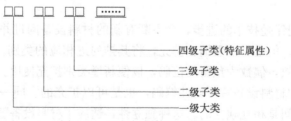

图 3-87　四级框架体系示意图

（2）工料机的特征属性

在三级子类或四级子类下描述。

三级子类：在材料分类时，有相当一部分材料只能分到三级子类。这种三级子类，表示特征属性。

例如，一级大类黑色及有色金属项下的二级子类：0103 钢丝，0105 钢丝绳，0107 钢绞线、钢丝束等，其三级子类为特征属性。详见表 3-15。

黑色及有色金属属性项 表 3-15

类别编码	类别名称	属性项	说明
0103	钢丝	A 品种 B 规格 C 抗拉强度(MPa) D 牌号 E 表面形式	包含碳素钢丝、合金钢丝、冷拔低碳钢丝等
0105	钢丝绳	A 品种 B 表面处理 C 截面形式 D 抗拉强度(MPa) E 规格 F 直径(mm) G 牌号	包含光面钢丝绳、镀锌钢丝绳、不锈钢钢丝绳等
0107	钢绞线、钢丝束	A 品种 B 表面处理 C 抗拉强度(MPa) D 规格 E 直径(mm)	包含预应力钢绞线、镀锌钢绞线以及用于架空电力线路的地线和导线及电气化线路承力索用铝包钢绞线
0109	圆钢	A 品种 B 牌号	包含热轧圆钢、锻制圆钢、冷拉圆钢
0111	方钢	C 规格	包含热轧方钢、冷拔方钢

而四级子类，全部表示材料设备的特征属性。

例如，编码 010101 的热轧光圆钢筋，010103 普通热轧带肋钢筋，010105 热轧细晶粒带肋钢筋，010109 冷轧带肋钢筋，010111 冷轧扭钢筋等，其四级子类为特征属性项（表 3-16）。

五种钢筋属性项 表 3-16

类别编码	类别名称	属性项	说明
010101	热轧光圆钢筋	A 牌号 B 公称直径(mm) C 轧机方式	不同牌号光圆钢筋
010103	普通热轧带肋钢筋	A 牌号 B 公称直径(mm) C 定尺长度(m) D 轧机方式	
010105	热轧细晶粒带肋钢筋		
010109	冷轧带肋钢筋	A 牌号 B 公称直径(mm)	包含不同牌号的冷轧带肋钢筋
010111	冷轧扭钢筋	A 强度级别 B 型号 C 标称直径(mm) D 牌号	包含冷轧Ⅰ型扭钢筋、冷轧Ⅱ型扭钢筋、冷轧Ⅲ型扭钢筋

（3）工料机特征属性排列

特征属性的顺序，按重要优先级顺序排列。有两层含义。

1）材料设备提供市场前，经政府部门授权的检测机构出具的检测报告、用户使用报告，对特征属性的说明和排列。

2）依据用户使用习惯，形成的排列顺序。在建设项目全生命周期中，同一种材料设备，处在不同使用阶段，其特征属性的排列是不一样的。

3.4.4 工料机的编码规则

工料机的编码，建立在科学、实用分类的基础上。

1. 工料机编码体系

工料机编码体系由类别码＋特征属性码构成。该体系包含三级框架和四级框架两部分。

（1）三级框架的编码

三级框架编码 ＝ 一级大类码＋二级子类码＋三级子类码

（2）四级框架的编码

四级框架编码 ＝ 一级大类码＋二级子类码＋三级子类＋四级子类码

（3）开放和可扩充

改革和创新，促使建设技术不断进步。新材料、新设备、新机械，即"全新型新产品"和"换代型新产品"会不断问世并投入使用。同时，落后的、不适用的材料、设备、机械相继被禁用或淘汰。作为工料机信息管理基础工作的分类及编码，必须适应行业发展进步的需要，实行动态管理。所以，工料机分类结构和编码结构的开放性、可延续性和可扩展性是必然的。

2. 工料机类别码的设计

《标准》制定的类别码，分别用两位数字表示。

（1）一级大类编码，采用两位固定数字表示，码位区间为 00～99。码位分配如下：

1）人工 00；

2）材料 01～49；

3）（工程设备）设备 50～79；

4）配合比 80；

5）仪器仪表设备 87；

6）机械设备 99。

二级子类，采用两位固定数字表示，码位区间为 01～99。

三级子类，采用两位固定数字表示，码位区间为 01～99。

该三级子类，不是特征属性类。

（2）奇数码位与偶数码位

工料机编码，除了一级大类外，类别码有奇数码位与偶数码位之分。奇数码位按 1、3、5、7、9 排列。偶数码位按 2、4、6、8 排列。如一级大类黑色及有色金属项下的二级子类钢筋，编码为 0101。其前两位 01，表示一级大类黑色及有色金属代码；后两位 01，表示钢筋的代码。钢筋项下三级子类热轧光圆钢筋的编码为 010101，其第五位和第六位

三种钢筋的类别码　　表 3-17

010101	热轧光圆钢筋
010103	普通热轧带肋钢筋
010105	热轧细晶粒带肋钢筋

数字（01），表示热轧光圆钢筋代码。同样，类别码 010103 的第五位和第六位数字（03），表示普通热轧带肋钢筋的代码。010105 的第五位和第六位数字（05），表示热轧细晶粒带肋钢筋的代码（表 3-17）。

类别码，在其码位区间，优先用奇数排列。如有增加时，用偶数排列补充。实践证明，在工料机的类别中，一级大类相对稳定。相对变动较大的是二级子类和三级子类。

二级子类或三级子类的编码，在其码位区间按奇数优先分配排列。当二级子类或三级子类增加时，仍按奇数优先分配排列。如奇数不足时，根据相近性的原则，用偶数补充分配的方式进行编码。简而言之，奇数码位优先用于编码，偶数码位为"后补编码"。

3. 工料机特征属性码的设计

（1）特征属性编码表示

工料机的特征属性由属性项和属性值组成。工料机特征属性用字母＋数字表示。字母表示属性项，数字表示属性值。

1）属性项：用大写英文字母（A、B、C、D、E 等）表示。

材料设备的属性项，少的有一种，多的过十种。如此多的选项，选择哪一种或哪几种，完全由用户根据自身的需要和使用习惯来决定。

2）属性值：用 1～3 位数字表示。

这个规则，是在总结实际经验的基础上设计的。属性值用几位数字表示，取决于每个属性项后边属性值的数量和实际需要来决定。

如果属性值是一位数，就用 1～9 表示；属性值是两位数，就用 01～99；属性值是三位数，就用 001～999 表示。

属性值无论用一位、二位，还是三位数字表示，均是顺序排列。如，1、2、3；01、02、03；001、002、003。

（2）特征属性参与编码

《标准》对工料机特征属性码位的设计，是一项重要的贡献。换句话说，对工料机属性项及属性值授予码位，且参与编码，是工料机编码的重要规则。

4. 属性值编码的选择

在实际使用中，用户往往纠结："属性值到底用几位数字表示为好？"上面讲到它"取决于每个属性项后边属性值的数量和实际需要来决定"。

公称直径（mm）是钢筋的一个属性值。钢筋的公称直径为 6～50mm，推荐采用的直径为 8、10、12、16、18、20、22、25、28、32、36、40（mm）。由于它的属性值共有 12 个，所以钢筋公称直径的属性值用二位数 01～99 表示即可。

普通热轧钢筋，属性项"轧机方式"，其属性值只有"热轧"和"冷轧"两种。其属性值用一位数（1～9）表示或用 2 位数（01～99）表示均可。

而冷弯等边角钢，其属性项之一的"截面尺寸"，用"边长×边长×厚度"表示，因属性值的数量较多，其编码用三位数（001～999）表示是适宜的。

但属性值的编码工作较为复杂。相对简单的方法就是取属性值 1～3 个数字的"最大边界"即 3 位数（001～999）来排列，就足够了。

5. 同一种产品，编码会不同

对同一种产品，因用户选择不同的属性项和属性值，其编码会不相同。

以三级子类的普通热轧带肋钢筋为例。它有四个属性项，分别为 A 牌号，B 公称直径，C 定尺长度，D 轧机方式。四个属性项各有不同的属性值（表 3-18）。

普通热轧带肋钢筋属性项属性值　　　　　　　　表 3-18

类别编码及名称	属性项	属性值
010103 普通热轧带肋钢筋	A 牌号	HRB400(01)、HRB400E(02)、HRB500(03)、HRB500E(04)、HRB600(05)
	B 公称直径(mm)	6(01)、8(02)、10(03)、12(04)、14(05)、16(06)、18(07)、20(08)、22(09)
	C 定尺长度(m)	6(01)、9(02)、10(03)、12(04)
	D 轧机方式	普通线材(1)、高速线材(2)

用户甲，选择属性项 A，属性值选择 HRB400。由于表中对 HRB400 授予的编码是 01，所以普通热轧带肋钢筋的编码为 010103A01。

用户乙，选择属性项 C，属性值选择 6 m。表中已将 6m 列为第一个属性值，授予的编码是 01。这时普通热轧带肋钢筋的编码为 010103C01。如选择 9m 的，其编码就变为 010103C02。可见，仅仅因选择的属性值不同，其编码就有多种变化。

在产品的每一个属性项中选择不同的属性值进行组合，会形成该产品的多个标准产品单位（SUP）及产品编码，少则几个，多则成百上千。从表 3-18 可以看到，010103 普通热轧带肋钢筋共有 4 个属性项和 17 个属性值，运用排列组合的原理，通过计算机设定的程序，可形成 560 个标准产品单位和编码。

对于编码，其实要做的工作是制定"业务规程"，定出"游戏规则"。编码是给计算机使用的，也是由计算机来完成的。有了"业务规程"和"游戏规则"，计算机就会显示出相应的编码。

6. 用字母＋数字表示属性的意义

（1）便于识别、检索和查询

在编码中如果看到 A，会很快分辨出，选择的是第一个属性；如果看到 D，一定是选择了第四个属性。同样，在属性 A 的后面看到 02，一定是选择了属性 A 的第二个属性值。属性 A 后面是 08，那一定是属性 A 的第八个属性值。如果在类别码后面是 A02D03，则是用户选择了 A 和 D 两个属性项，以及 A 的第二个属性值和 D 的第三个属性值。

（2）省去"补零位"的烦恼

以往，在设计材料设备编码时，多用数字表示。

对某产品，如果用户选择了第二个属性项及其项下的第一个属性值。假设，其属性项、属性值用两位数字表示。

其产品编码 ＝ 该产品的类别码＋00（第一个属性项的编码）＋00（第一个属性项后面的属性值编码）＋02（第二个属性项编码）＋01（第二个属性项后面的第一个属性值的编码）。虽然这里第一个属性项及其属性值没有出现，但是需用 4 个"0"补位。

用字母＋数字表示产品属性，不仅省去"补零位"的烦恼，还有利于提高效率和节省计算机容量。

（3）体现了编码最小化的理念

用字母＋数字表示属性，形成的编码码位长短不一，区别于"整齐划一"的编码格式，体现了编码最小化的理念，又节省时间成本。

（4）便于数据信息流通

用字母＋数字表示属性，便于跨专业数据信息的流通，有利于推进行业信息化的统一。

7. 工料机授码的原则

（1）一旦授码，不再变更

《标准》规定，对工料机一旦授码，不得再变更，确保工料机编码的唯一性。

（2）禁用的产品，其码位保留

《标准》规定，对明令禁止和淘汰使用的材料设备，在工料机数据库中做淘汰标注。但其码位保留，不再授予其他材料设备。如用户需要查询，可按数据库管理办法相关规定，进行查询。

8. 工料机编码的唯一性

工料机编码的唯一性包含两层意思。

（1）《标准》对一级大类、二级子类、三级子类的编码是唯一的，不会有重复。

（2）用户按《标准》的编码规则，添加实用信息形成的工料机编码，是唯一的；工程项目的建设是由若干阶段组成的。在项目不同阶段，依据不同的需要，用户给工料机的编码也是唯一的。在项目设计阶段，设计师在确认所需材料设备的规格、型号、等级等属性后，形成的编码是唯一的。而在采购阶段，同一种材料设备会有诸多品牌、厂家可供选择。采购人员在满足设计要求的前提下，综合考虑众多因素后，会选定其中某个品牌的产品。由此形成的编码，因增加了品牌、厂家、计量单位、采购单价等新的属性，该材料设备的编码也是唯一的。

（3）编码的唯一性，为实现建设项目所用工料机的"可追索性"，提供技术支持。

"编码的唯一性"，具有重要的实用性。例如建设项目出现质量和安全问题，涉及材料设备时，材料设备编码的"唯一性"，为追索相关材料设备的品牌、厂家、批次、价格等，提供技术支持。因为品牌、厂家、批次、价格等实用信息，均可以作为属性列入编码。

9. 尊重用户的使用习惯

（1）属性的排列用户说了算

根据长久以来用户的使用习惯，在《建设工程工料机属性特征列表》中，将材料设备的属性项、属性值作了排列。属性项列出了 A、B、C、D，属性值排出了 1、2、3、4 或01、02、03、04。在实际使用中，有的用户根据自己的需要和习惯，不同意 A、B、C、D的排列，认为 C 应排第一，D 排第二，是可以的。

的确如此，用户的需求多种多样。材料设备的属性项如何排列，属性值如何排列，应当"用户说了算"。因为它符合编码规则的"价值观"——"工料机特征，按照重要优先级顺序列项""尊重大众的使用习惯"。但是，为了保证《标准》的严肃性和信息传递的一致性，变动后的属性项的英文代码不应更改。如上述讲到的原属性项排序是 A、B、C、D，用户将 C 应排第一，D 排第二，那么调整后的排列顺序应为 C、D、A、B。

（2）因用户使用而产生的属性

工料机的属性有基本属性和应用属性之分。《标准》所列的工料机的属性项、属性值，均是工料机的基本属性（或叫自然属性）。换句话说，《标准》对工料机属性编码的深度，是完成了对工料机基本属性的编码。

工料机的应用属性，是因用户使用而产生的属性。这些属性具有的显著的实用特点，决定工料机的使用去向。工料机的应用属性是大量的、最活跃的。所以，工料机的应用属性应列入编码。

关于工料机应用属性的编码，可参照工料机基本属性的编码规则与做法。因工机料的用户不同，用户的使用目不同，其编码只能由用户自己完成。

为了以示区别，工料机应用属性的编码，宜采用小写英文字母＋数字表示（表 3-19）。

基本属性与应用属性示例表 　　　　　　　　　　表 3-19

类别编码及名称	基本属性项	基本属性值	应用属性项	应用属性值
010103 普通热轧带肋钢筋	A(01)牌号	HRB400(01)、HRB400E(02)、HRB500(03)、HRB500E(04)、HRB600(05)	a 品牌	某品牌(01)、某品牌(02)……
	B(02) 公称直径(mm)	6(01)、8(02)、10(03)、12(04)、14(05)、16(06)、18(07)、20(08)、22(09)	b 产地	某产地(01)、某产地(02)……
	C(03) 定尺长度(m)	6(01)、9(02)、10(03)、12(04)	c 批次	某批次(01)、某批次(02)……
	D(04) 轧机方式	普通线材(01)、高速线材(02)		

例如：用户在采购普通热轧带肋钢筋时，选择定尺长度为 6m 的，其类别码＋基本属性码为 01 01 03 C01。在此基础上，选定品牌（01）、产地（02）、批次（02），该钢筋的使用属性编码为 a01 b02 c02。

此时，普通热轧带肋钢筋的编码＝01 01 03＋ C01＋ a01 b02 c02，即类别码＋基本属性码＋使用属性码。这个编码同样具有唯一性的特点。

3.4.5 《标准》的适用范围

1. 适用于不同建设专业，对工料机信息数据的交互和管理。
2. 适用于建设项目全生命周期中，对工料机信息数据的交互和管理。

（1）有利于 BIM 的推广使用

《标准》规定的工料机统一的"信息语言"，对 BIM 在项目全生命周期中的推广使用，具有重要的价值。在建筑项目设计阶段、造价定额编制阶段、招标投标阶段、采购加工阶段、施工管理阶段、竣工验收阶段、运营维护阶段等，《标准》确立的编码规则，对上述阶段工料机信息数据的收集、整理、分析、发布与交换，推广应用信息化管理，奠定了基本保证。

（2）有利于项目的精准管理

《标准》在编码规则中倡导的"编码的唯一性"，为推进工程项目的"精准管理"，提升项目管理水平，提供技术支持。

4 建筑工程法律法规

党的十八大四中全会通过了《中共中央关于全面推进依法治国若干重大问题的决定》，全面推进依法治国。作为一名建造师，必须增强法律意识和法制观念，做到学法、懂法、守法和用法，这是新时期对建造师从事职业活动的基本要求。

建设工程法律体系，由建设工程方面的法律、行政法规、部门规章和地方法规、地方规章有机结合起来，相互联系、补充。近年来，建筑工程法律体系中新颁布及修改了部分法律、法规、规章。

4.1 建筑工程相关法律修订情况

4.1.1 《中华人民共和国建筑法》修改情况

该法于第十三届全国人民代表大会常务委员会第十次会议通过，在 2019 年 4 月 23 日发布关于修改《中华人民共和国建筑法》的决定。

第八条修改为"申请领取施工许可证"，应当具备下列条件：

1. 已经办理该建筑工程用地批准手续；

2. 依法应当办理建设工程规划许可证的，已经取得建设工程规划许可证；

3. 需要拆迁的，其拆迁进度符合施工要求；

4. 已经确定建筑施工企业；

5. 有满足施工需要的资金安排、施工图纸及技术资料；

6. 有保证工程质量和安全的具体措施。

建设行政主管部门应当自收到申请之日起七日内，对符合条件的申请颁发施工许可证。

4.1.2 《中华人民共和国消防法》修改情况

该法于第十三届全国人民代表大会常务委员会第十次会议通过，在 2019 年 4 月 23 日发布关于修改《中华人民共和国消防法》的决定。

（1）第十条修改为：对按照国家工程建设消防技术标准需要进行消防设计的建设工程，实行建设工程消防设计审查验收制度。

（2）第十一条修改为：国务院住房和城乡建设主管部门规定的特殊建设工程，建设单位应当将消防设计文件报送住房和城乡建设主管部门审查，住房和城乡建设主管部门依法对审查的结果负责。前款规定以外的其他建设工程，建设单位申请领取施工许可证或者申请批准开工报告时应当提供满足施工需要的消防设计图纸及技术资料。

（3）将第十二条修改为：特殊建设工程未经消防设计审查或者审查不合格的，建设单位、施工单位不得施工；其他建设工程，建设单位未提供满足施工需要的消防设计图纸及技术资料的，有关部门不得发放施工许可证或者批准开工报告。

（4）第十三条修改为：国务院住房和城乡建设主管部门规定应当申请消防验收的建设工程竣工，建设单位应当向住房和城乡建设主管部门申请消防验收。

前款规定以外的其他建设工程，建设单位在验收后应当报住房和城乡建设主管部门备案，住房和城乡建设主管部门应当进行抽查。

依法应当进行消防验收的建设工程，未经消防验收或者消防验收不合格的，禁止投入使用；其他建设工程经依法抽查不合格的，应当停止使用。

（5）第十四条修改为：建设工程消防设计审查、消防验收、备案和抽查的具体办法，由国务院住房和城乡建设主管部门规定。

（6）第五十六条修改为：住房和城乡建设主管部门、消防救援机构及其工作人员应当按照法定的职权和程序进行消防设计审查、消防验收、备案抽查和消防安全检查，做到公正、严格、文明、高效。

住房和城乡建设主管部门、消防救援机构及其工作人员进行消防设计审查、消防验收、备案抽查和消防安全检查等，不得收取费用，不得利用职务谋取利益；不得利用职务为用户、建设单位指定或者变相指定消防产品的品牌、销售单位或者消防技术服务机构、消防设施施工单位。

（7）第五十七条、第七十一条第一款中的"公安机关消防机构"修改为"住房和城乡建设主管部门、消防救援机构"；将第七十一条中的"审核"修改为"审查"，删去第二款中的"建设"。

（8）第五十八条修改为："违反本法规定，有下列行为之一的，由住房和城乡建设主管部门、消防救援机构按照各自职权责令停止施工、停止使用或者停产停业，并处三万元以上三十万元以下罚款：

（1）依法应当进行消防设计审查的建设工程，未经依法审查或者审查不合格，擅自施工的；

（2）依法应当进行消防验收的建设工程，未经消防验收或者消防验收不合格，擅自投入使用的；

（3）本法第十三条规定的其他建设工程验收后经依法抽查不合格，不停止使用的；

（4）公众聚集场所未经消防安全检查或者经检查不符合消防安全要求，擅自投入使用、营业的。"

建设单位未依照本法规定在验收后报住房和城乡建设主管部门备案的，由住房和城乡建设主管部门责令改正，处五千元以下罚款。

（9）第五十九条中的"责令改正或者停止施工"修改为"由住房和城乡建设主管部门责令改正或者停止施工"。

（10）第七十条修改为：本法规定的行政处罚，除应当由公安机关依照《中华人民共和国治安管理处罚法》的有关规定决定的外，由住房和城乡建设主管部门、消防救援机构按照各自职权决定。

被责令停止施工、停止使用、停产停业的，应当在整改后向作出决定的部门或者机构报告，经检查合格，方可恢复施工、使用、生产、经营。

当事人逾期不执行停产停业、停止使用、停止施工决定的，由作出决定的部门或者机构强制执行。

责令停产停业，对经济和社会生活影响较大的，由住房和城乡建设主管部门或者应急管理部门报请本级人民政府依法决定。

（11）第四条、第十七条、第二十四条、第五十五条中的"公安机关消防机构"修改为"消防救援机构"，"公安部门""公安机关""公安部门消防机构"修改为"应急管理部门"；将第六条第三款中的"公安机关及其消防机构"修改为"应急管理部门及消防救援机构"，第七款中的"公安机关"修改为"公安机关、应急管理"；将第十五条、第二十五条、第二十九条、第四十条、第四十二条、第四十五条、第五十一条、第五十三条、第五十四条、第六十条、第六十二条、第六十四条、第六十五条中的"公安机关消防机构"修改为"消防救援机构"；将第三十六条、第三十七条、第三十八条、第三十九条、第四十六条、第四十九条中的"公安消防队"修改为"国家综合性消防救援队"。

4.1.3 《中华人民共和国城乡规划法》修改情况

改法在第十三届全国人民代表大会常务委员会第十次会议通过，于 2019 年 4 月 23 日发布关于修改《中华人民共和国城乡规划法》的决定。

第三十八条第二款修改为：以出让方式取得国有土地使用权的建设项目，建设单位在取得建设项目的批准、核准、备案文件和签订国有土地使用权出让合同后，向城市、县人民政府城乡规划主管部门领取建设用地规划许可证。

4.1.4 对《中华人民共和国行政许可法》作出修改

2019 年 4 月 23 日，第十三届全国人民代表大会常务委员会第十次会议通过关于修改《中华人民共和国行政许可法》的决定。

（1）第五条修改为：设定和实施行政许可，应当遵循公开、公平、公正、非歧视的原则。

有关行政许可的规定应当公布；未经公布的，不得作为实施行政许可的依据。行政许可的实施和结果，除涉及国家秘密、商业秘密或者个人隐私的外，应当公开。未经申请人同意，行政机关及其工作人员、参与专家评审等的人员不得披露申请人提交的商业秘密、未披露信息或者保密商务信息，法律另有规定或者涉及国家安全、重大社会公共利益的除外；行政机关依法公开申请人前述信息的，允许申请人在合理期限内提出异议。

符合法定条件、标准的，申请人有依法取得行政许可的平等权利，行政机关不得歧视任何人。

（2）第三十一条增加一款，作为第二款：行政机关及其工作人员不得以转让技术作为取得行政许可的条件；不得在实施行政许可的过程中，直接或者间接地要求转让技术。

（3）第七十二条修改为："行政机关及其工作人员违反本法的规定，有下列情形之一的，由其上级行政机关或者监察机关责令改正；情节严重的，对直接负责的主管人员和其他直接责任人员依法给予行政处分：

（1）对符合法定条件的行政许可申请不予受理的；

（2）不在办公场所公示依法应当公示的材料的；

（3）在受理、审查、决定行政许可过程中，未向申请人、利害关系人履行法定告知义务的；

（4）申请人提交的申请材料不齐全、不符合法定形式，不一次告知申请人必须补正的全部内容的；

（5）违法披露申请人提交的商业秘密、未披露信息或者保密商务信息的；

（6）以转让技术作为取得行政许可的条件，或者在实施行政许可的过程中直接或者间接地要求转让技术的；

（7）未依法说明不受理行政许可申请或者不予行政许可的理由的；

（8）依法应当举行听证而不举行听证的。"

4.2 建筑工程相关行政法规（含司法解释）修订情况

为进一步推进政府职能转变和"放管服"改革，更大程度激发市场、社会的创新创造活力，营造法治化、国际化、便利化的营商环境，国务院对涉及的行政法规进行了清理。经过清理，国务院决定：对 3 部行政法规的部分条款予以修改。

4.2.1 《建设工程质量管理条例》修改情况

该条例通过中华人民共和国国务院令第 714 号令，于 2019 年 4 月 23 日发布。

将第十三条修改为："建设单位在开工前，应当按照国家有关规定办理工程质量监督手续，工程质量监督手续可以与施工许可证或者开工报告合并办理。"

4.2.2 《公共场所卫生管理条例》修改情况

该条例通过中华人民共和国国务院令第 714 号令，于 2019 年 4 月 23 日发布。

（1）将第三条第二款、第十八条中的"卫生部"修改为"国务院卫生行政部门"。

（2）第四条第一款修改为："国家对公共场所实行'卫生许可证'制度。"

（3）删去第十二条第三项。

4.2.3 《中华人民共和国企业所得税法实施条例》修改情况

该条例于 2019 年 4 月 23 日通过中华人民共和国国务院令第 714 号令发布。

（1）将第五十一条修改为："企业所得税法第九条所称公益性捐赠，是指企业通过公益性社会组织或者县级以上人民政府及其部门，用于符合法律规定的慈善活动、公益事业的捐赠。"

（2）将第五十二条修改为："本条例第五十一条所称公益性社会组织，是指同时符合下列条件的慈善组织以及其他社会组织：

（1）依法登记，具有法人资格；

（2）以发展公益事业为宗旨，且不以营利为目的；

（3）全部资产及其增值为该法人所有；

（4）收益和营运结余主要用于符合该法人设立目的的事业；

（5）终止后的剩余财产不归属任何个人或者营利组织；

（6）不经营与其设立目的无关的业务；

（7）有健全的财务会计制度；

（8）捐赠者不以任何形式参与该法人财产的分配；

（9）国务院财政、税务主管部门会同国务院民政部门等登记管理部门规定的其他条件。"

（3）将第五十三条第一款修改为："企业当年发生以及以前年度结转的公益性捐赠支出，不超过年度利润总额12％的部分，准予扣除。"

（4）删去第一百二十七条。

（5）此外，对相关行政法规中的条文序号作相应调整。

4.2.4　《城市道路管理条例》修改情况

该条例于2019年4月23日通过中华人民共和国国务院令第710号令发布。

将《城市道路管理条例》第三十三条第一款修改为：因工程建设需要挖掘城市道路的，应当提交城市规划部门批准签发的文件和有关设计文件，经市政工程行政主管部门和公安交通管理部门批准，方可按照规定挖掘。

4.2.5　《不动产登记暂行条例》修改情况

该条例于2019年4月23日通过中华人民共和国国务院令第710号令发布。

将《不动产登记暂行条例》第十五条第一款修改为：当事人或者其代理人应当向不动产登记机构申请不动产登记。

4.3　建筑工程部门规章修订情况

为贯彻落实国务院深化"放管服"改革，加快推进政务服务"一网通办"的要求，住房城乡建设部决定修改《建筑业企业资质管理规定》等部门规章。

4.3.1　《建筑工程施工许可管理办法》修改情况

该管理办法于2018年9月19日第4次住房城乡建设部常务会议审议通过，经中华人民共和国住房和城乡建设部令第42号令发布。

（1）删去第四条第一款第七项。

将第四条第一款第八项修改为："建设资金已经落实。建设单位应当提供建设资金已经落实承诺书"。

（2）将第五条第一款第三项修改为："发证机关在收到建设单位报送的《建筑工程施工许可证申请表》和所附证明文件后，对于符合条件的，应当自收到申请之日起七日内颁发施工许可证；对于证明文件不齐全或者失效的，应当当场或者五日内一次告知建设单位需要补正的全部内容，审批时间可以自证明文件补正齐全后作相应顺延；对于不符合条件的，应当自收到申请之日起七日内书面通知建设单位，并说明理由"。

4.3.2　《房屋建筑和市政基础设施工程施工招标投标管理办法》修改情况

该管理办法于2019年2月15日第6次住房城乡建设部常务会议审议通过，经中华人民共和国住房和城乡建设部令第47号令发布。

（1）将《房屋建筑和市政基础设施工程施工招标投标管理办法》（建设部令第 89 号，根据住房和城乡建设部令第 43 号修改）第十八条中的"招标人应当在招标文件发出的同时，将招标文件报工程所在地的县级以上地方人民政府建设行政主管部门备案"修改为"招标人应当在招标文件发出的同时，将招标文件报工程所在地的县级以上地方人民政府建设行政主管部门备案，但实施电子招标投标的项目除外"。

（2）将第十九条中的"并同时报工程所在地的县级以上地方人民政府建设行政主管部门备案"修改为"并同时报工程所在地的县级以上地方人民政府建设行政主管部门备案，但实施电子招标投标的项目除外"。

经 2018 年 9 月 19 日第 4 次部常务会议审议，通过中华人民共和国住房和城乡建设部令第 43 号令发布

（1）将第二条第一款修改为："依法必须进行招标的房屋建筑和市政基础设施工程（以下简称工程），其施工招标投标活动，适用本办法"。

（2）删去第三条。

（3）删去第十一条第二款中的"具有相应资格的"。

（4）删去第十八条第一款第一项中的"（包括银行出具的资金证明）"。

（5）删去第四十七条第一款中的"订立书面合同后 7 日内，中标人应当将合同送工程所在地的县级以上地方人民政府建设行政主管部门备案"。

（6）删去第五十三条中的"招标人拒不改正的，不得颁发施工许可证"。

（7）删去第五十四条中的"在未提交施工招标投标情况书面报告前，建设行政主管部门不予颁发施工许可证"。

4.3.3 《建筑业企业资质管理规定》修改情况

该规定于 2018 年 12 月 13 日第 5 次住房和城乡建设部常务会议审议通过，经中华人民共和国住房和城乡建设部令第 45 号令发布。

将（住房和城乡建设部令第 22 号，根据住房和城乡建设部令第 32 号修正）第十四条修改为："企业申请建筑业企业资质，在资质许可机关的网站或审批平台提出申请事项，提交资金、专业技术人员、技术装备和已完成业绩等电子材料"。

4.3.4 《建设工程勘察设计资质管理规定》修改情况

该规定于 2018 年 12 月 13 日第 5 次住房和城乡建设部常务会议审议通过，经中华人民共和国住房和城乡建设部令第 45 号令发布。

将（建设部令第 160 号，根据住房和城乡建设部令第 24 号、住房和城乡建设部令第 32 号修正）第十一条修改为："企业申请工程勘察、工程设计资质，应在资质许可机关的官方网站或审批平台上提出申请，提交资金、专业技术人员、技术装备和已完成的业绩等电子材料"。删去第十二条和第十三条，对相关条文顺序作相应调整。

4.3.5 《工程监理企业资质管理规定》修改情况

该规定于 2018 年 12 月 13 日第 5 次住房城乡建设部常务会议审议通过，经中华人民共和国住房和城乡建设部令第 45 号令发布。

将（建设部令第 158 号，根据住房和城乡建设部令第 24 号、住房和城乡建设部令第 32 号修正）第十二条修改为："企业申请工程监理企业资质，在资质许可机关的网站或审批平台提出申请事项，提交专业技术人员、技术装备和已完成业绩等电子材料"。

4.3.6 《房地产开发企业资质管理规定》修改情况

该规定于 2018 年 12 月 13 日第 5 次住房和城乡建设部常务会议审议通过，经中华人民共和国住房和城乡建设部令第 45 号令发布。

将（建设部令第 77 号，根据住房和城乡建设部令第 24 号修正）第六条第一款修改为"新设立的房地产开发企业应当自领取营业执照之日起 30 日内，在资质审批部门的网站或平台提出申请备案事项，提交营业执照、企业章程、专业技术人员资格证书和劳动合同的电子材料"。

4.3.7 《房屋建筑和市政基础设施工程施工图设计文件审查管理办法》修改情况

该办法于 2018 年 12 月 13 日第 5 次住房和城乡建设部常务会议审议通过，经中华人民共和国住房和城乡建设部令第 46 号发布。

（1）将第五条第一款修改为"省、自治区、直辖市人民政府住房城乡建设主管部门应当会同有关主管部门按照本办法规定的审查机构条件，结合本行政区域内的建设规模，确定相应数量的审查机构，逐步推行以政府购买服务方式开展施工图设计文件审查。具体办法由国务院住房城乡建设主管部门另行规定"。

（2）将第十一条修改为"审查机构应当对施工图审查下列内容：

（1）是否符合工程建设强制性标准；

（2）地基基础和主体结构的安全性；

（3）消防安全性；

（4）人防工程（不含人防指挥工程）防护安全性；

（5）是否符合民用建筑节能强制性标准，对执行绿色建筑标准的项目，还应当审查是否符合绿色建筑标准；

（6）勘察设计企业和注册执业人员以及相关人员是否按规定在施工图上加盖相应的图章和签字；

（7）法律、法规、规章规定必须审查的其他内容"。

（3）在第十九条增加一款，作为第三款"涉及消防安全性、人防工程（不含人防指挥工程）防护安全性的，由县级以上人民政府有关部门按照职责分工实施监督检查和行政处罚，并将监督检查结果向社会公布"。

4.3.8 《房屋建筑和市政基础设施工程施工分包管理办法》修改情况

该办法于 2019 年 2 月 15 日第 6 次住房和城乡建设部常务会议审议通过，经中华人民共和国住房和城乡建设部令第 47 号令发布。

删去《房屋建筑和市政基础设施工程施工分包管理办法》（建设部令第 124 号，根据住房和城乡建设部令第 19 号修改）第十条第二款"分包工程发包人应当在订立分包合同后 7 个工作日内，将合同送工程所在地县级以上地方人民政府住房城乡建设主管部门备案。分包合同发生重大变更的，分包工程发包人应当自变更后 7 个工作日内，将变更协议送原备案机关备案"。

4.3.9 《危险性较大的分部分项工程安全管理规定》修改情况

该规定于 2019 年 2 月 15 日第 6 次住房和城乡建设部常务会议审议通过，经中华人民共和国住房和城乡建设部令第 47 号令发布。

将第九条"建设单位在申请办理安全监督手续时，应当提交危大工程清单及其安全管理措施等资料"修改为"建设单位在申请办理施工许可手续时，应当提交危大工程清单及其安全管理措施等资料"。

4.3.10 《城市建设档案管理规定》修改情况

该规定于 2019 年 2 月 15 日第 6 次住房和城乡建设部常务会议审议通过，经中华人民共和国住房和城乡建设部令第 47 号令发布。

将第八条"列入城建档案馆档案接收范围的工程，建设单位在组织竣工验收前，应当提请城建档案管理机构对工程档案进行预验收。预验收合格后，由城建档案管理机构出具工程档案认可文件"修改为"列入城建档案馆档案接收范围的工程，城建档案管理机构按照建设工程竣工联合验收的规定对工程档案进行验收"。

删去第九条"建设单位在取得工程档案认可文件后，方可组织工程竣工验收。建设行政主管部门在办理竣工验收备案时，应当查验工程档案认可文件"。

4.3.11 《城市地下管线工程档案管理办法》修改情况

该规定于 2019 年 2 月 15 日第 6 次住房和城乡建设部常务会议审议通过，经中华人民共和国住房和城乡建设部令第 47 号令发布。

将第九条"地下管线工程竣工验收前，建设单位应当提请城建档案管理机构对地下管线工程档案进行专项预验收"修改为"城建档案管理机构应当按照建设工程竣工联合验收的规定对地下管线工程档案进行验收"。

4.4 新颁法律法规文件

4.4.1 住房和城乡建设部发布《住房和城乡建设部等部门关于加快推进房屋建筑和市政基础设施工程实行工程担保制度的指导意见》

2019 年 06 月 20 日住房和城乡建设部发布建市〔2019〕68 号文件当前建筑市场存在着工程防风险能力不强，履约纠纷频发，工程欠款、欠薪屡禁不止等问题，亟需通过完善工程担保应用机制加以解决。

1. 分类实施工程担保制度

（1）推行工程保函替代保证金。加快推行银行保函制度，在有条件的地区推行工程担保公司保函和工程保证保险。严格落实国务院清理规范工程建设领域保证金的工作要求，对于投标保证金、履约保证金、工程质量保证金、农民工工资保证金，建筑业企业可以保函的方式缴纳。严禁任何单位和部门将现金保证金挪作他用，保证金到期应当及时予以退还。

（2）大力推行投标担保。对于投标人在投标有效期内撤销投标文件、中标后在规定期限内不签订合同或未在规定的期限内提交履约担保等行为，鼓励将其纳入投标保函的保证范围进行索赔。招标人到期不按规定退还投标保证金及银行同期存款利息或投标保函的，应作为不良行为记入信用记录。

（3）着力推行履约担保。招标文件要求中标人提交履约担保的，中标人应当按照招标文件的要求提交。招标人要求中标人提供履约担保的，应当同时向中标人提供工程款支付担保。建设单位和建筑业企业应当加强工程风险防控能力建设。工程担保保证人应当不断提高专业化承保能力，增强风险识别能力，认真开展保中、保后管理，及时做好预警预案，并在违约发生后按保函约定及时代为履行或承担损失赔付责任。

（4）强化工程质量保证银行保函应用。以银行保函替代工程质量保证金的，银行保函金额不得超过工程价款结算总额的3%。在工程项目竣工前，已经缴纳履约保证金的，建设单位不得同时预留工程质量保证金。建设单位到期未退还保证金的，应作为不良行为记入信用记录。

（5）推进农民工工资支付担保应用。农民工工资支付保函全部采用具有见索即付性质的独立保函，并实行差别化管理。对被纳入拖欠农民工工资"黑名单"的施工企业，实施失信联合惩戒。工程担保保证人应不断提升专业能力，提前预控农民工工资支付风险。各地住房和城乡建设主管部门要会同人力资源社会保障部门加快应用建筑工人实名制平台，加强对农民工合法权益保障力度，推进建筑工人产业化进程。

2. 促进工程担保市场健康发展

（1）加强风险控制能力建设。支持工程担保保证人与全过程工程咨询、工程监理单位开展深度合作，创新工程监管和化解工程风险模式。工程担保保证人的工作人员应当具有第三方风险控制能力和工程领域的专业技术能力。

（2）创新监督管理方式。修订保函示范文本，修改完善工程招标文件和合同示范文本，推进工程担保应用；积极发展电子保函，鼓励以工程再担保体系增强对担保机构的信用管理，推进"互联网＋"工程担保市场监管。

（3）完善风险防控机制。推进工程担保保证人不断完善内控管理制度，积极开展风险管理服务，有效防范和控制风险。保证人应不断规范工程担保行为，加强风险防控机制建设，发展保后风险跟踪和风险预警服务能力，增强处理合同纠纷、认定赔付责任等能力。全面提升工程担保保证人风险评估、风险防控能力，切实发挥工程担保作用。鼓励工程担保保证人遵守相关监管要求，积极为民营、中小建筑业企业开展保函业务。

（4）加强建筑市场监管。建设单位在办理施工许可时，应当有满足施工需要的资金安排。政府投资项目所需资金应当按照国家有关规定确保落实到位，不得由施工单位垫资建设。对于未履行工程款支付责任的建设单位，将其不良行为记入信用记录。

（5）加大信息公开力度。加大建筑市场信息公开力度，全面公开企业资质、人员资格、工程业绩、信用信息以及工程担保相关信息，方便与保函相关的人员及机构查询。

（6）推进信用体系建设。引导各方市场主体树立信用意识，加强内部信用管理，不断提高履约能力，积累企业信用。积极探索建筑市场信用评价结果直接应用于工程担保的办法，为信用状况良好的企业提供便利，降低担保费用、简化担保程序；对恶意索赔等严重失信企业纳入建筑市场主体"黑名单"管理，实施联合惩戒，构建"一处失信、处处受制"的市场环境。

4.4.2 关于危险性较大的分布分项工程管理

2018年2月12日经第37次部常务会议审议通过住房和城乡建设部率先发布部门规章《危险性较大的分部分项工程安全管理规定》、2018年5月17日住房和城乡建设部又发布关于实施《危险性较大的分部分项工程安全管理规定》有关问题的通知。随后为深化落实危大工程的管理北京及各省市自治区直辖市又先后发布本行政区的相关规章、实施细则。

1.《危险性较大的分部分项工程安全管理规定》（住房城乡建设部令第37号）

为加强对房屋建筑和市政基础设施工程中危险性较大的分部分项工程安全管理，有效防范生产安全事故，依据《中华人民共和国建筑法》《中华人民共和国安全生产法》《建设工程安全生产管理条例》等法律法规，制定本规定。

本规定适用于房屋建筑和市政基础设施工程中危险性较大的分部分项工程安全管理。本规定所称危险性较大的分部分项工程（以下简称"危大工程"），是指房屋建筑和市政基础设施工程在施工过程中，容易导致人员群死群伤或者造成重大经济损失的分部分项工程。

危大工程及超过一定规模的危大工程范围由国务院住房城乡建设主管部门制定。省级住房和城乡建设主管部门可以结合本地区实际情况，补充本地区危大工程范围。

（1）建设单位应当依法提供真实、准确、完整的工程地质、水文地质和工程周边环境等资料。

（2）勘察单位应当根据工程实际及工程周边环境资料，在勘察文件中说明地质条件可能造成的工程风险。

（3）设计单位应当在设计文件中注明涉及危大工程的重点部位和环节，提出保障工程周边环境安全和工程施工安全的意见，必要时进行专项设计。

（4）建设单位应当组织勘察、设计等单位在施工招标文件中列出危大工程清单，要求施工单位在投标时补充完善危大工程清单并明确相应的安全管理措施。

（5）建设单位应当按照施工合同约定及时支付危大工程施工技术措施费以及相应的安全防护文明施工措施费，保障危大工程施工安全。

（6）施工单位应当在危大工程施工前组织工程技术人员编制专项施工方案。

实行施工总承包的，专项施工方案应当由施工总承包单位组织编制。危大工程实行分包的，专项施工方案可以由相关专业分包单位组织编制。

（7）专项施工方案应当由施工单位技术负责人审核签字、加盖单位公章，并由总监理工程师审查签字、加盖执业印章后方可实施。

危大工程实行分包并由分包单位编制专项施工方案的，专项施工方案应当由总承包单位技术负责人及分包单位技术负责人共同审核签字并加盖单位公章。

（8）对于超过一定规模的危大工程，施工单位应当组织召开专家论证会对专项施工方案进行论证。实行施工总承包的，由施工总承包单位组织召开专家论证会。专家论证前专项施工方案应当通过施工单位审核和总监理工程师审查。

专家应当从地方人民政府住房城乡建设主管部门建立的专家库中选取，符合专业要求且人数不得少于 5 名。与本工程有利害关系的人员不得以专家身份参加专家论证会。

（9）专家论证会后，应当形成论证报告，对专项施工方案提出通过、修改后通过或者不通过的一致意见。专家对论证报告负责并签字确认。

专项施工方案经论证需修改后通过的，施工单位应当根据论证报告修改完善后，重新履行本规定第十一条的程序。

专项施工方案经论证不通过的，施工单位修改后应当按照本规定的要求重新组织专家论证。

（10）施工单位应当在施工现场显著位置公告危大工程名称、施工时间和具体责任人员，并在危险区域设置安全警示标志。

（11）专项施工方案实施前，编制人员或者项目技术负责人应当向施工现场管理人员进行方案交底。

施工现场管理人员应当向作业人员进行安全技术交底，并由双方和项目专职安全生产管理人员共同签字确认。

（12）施工单位应当对危大工程施工作业人员进行登记，项目负责人应当在施工现场履职。

项目专职安全生产管理人员应当对专项施工方案实施情况进行现场监督，对未按照专项施工方案施工的，应当要求立即整改，并及时报告项目负责人，项目负责人应当及时组织限期整改。

施工单位应当按照规定对危大工程进行施工监测和安全巡视，发现危及人身安全的紧急情况，应当立即组织作业人员撤离危险区域。

（13）对于按照规定需要验收的危大工程，施工单位、监理单位应当组织相关人员进行验收。验收合格的，经施工单位项目技术负责人及总监理工程师签字确认后，方可进入下一道工序。

危大工程验收合格后，施工单位应当在施工现场明显位置设置验收标识牌，公示验收时间及责任人员。

（14）施工、监理单位应当建立危大工程安全管理档案。

施工单位应当将专项施工方案及审核、专家论证、交底、现场检查、验收及整改等相关资料纳入档案管理。

（15）施工单位未按照本规定编制并审核危大工程专项施工方案的，依照《建设工程安全生产管理条例》对单位进行处罚，并暂扣安全生产许可证 30 日；对直接负责的主管人员和其他直接责任人员处 1000 元以上 5000 元以下的罚款。

施工单位有下列行为之一的，依照《中华人民共和国安全生产法》《建设工程安全生产管理条例》对单位和相关责任人员进行处罚：

1）未向施工现场管理人员和作业人员进行方案交底和安全技术交底的；

2）未在施工现场显著位置公告危大工程，并在危险区域设置安全警示标志的；

3）项目专职安全生产管理人员未对专项施工方案实施情况进行现场监督的。

（16）施工单位有下列行为之一的，责令限期改正，处 1 万元以上 3 万元以下的罚款，并暂扣安全生产许可证 30 日；对直接负责的主管人员和其他直接责任人员处 1000 元以上 5000 元以下的罚款：

1）未对超过一定规模的危大工程专项施工方案进行专家论证的；

2）未根据专家论证报告对超过一定规模的危大工程专项施工方案进行修改，或者未按照本规定重新组织专家论证的；

3）未严格按照专项施工方案组织施工，或者擅自修改专项施工方案的。

（17）施工单位有下列行为之一的，责令限期改正，并处 1 万元以上 3 万元以下的罚款；对直接负责的主管人员和其他直接责任人员处 1000 元以上 5000 元以下的罚款：

1）项目负责人未按照本规定现场履职或者组织限期整改的；

2）施工单位未按照本规定进行施工监测和安全巡视的；

3）未按照本规定组织危大工程验收的；

4）发生险情或者事故时，未采取应急处置措施的；

5）未按照本规定建立危大工程安全管理档案的。

2. 住房和城乡建设部办公厅关于实施《危险性较大的分部分项工程安全管理规定》有关问题的通知（建办质〔2018〕31 号）

为贯彻实施《危险性较大的分部分项工程安全管理规定》（住房和城乡建设部令第 37 号），进一步加强和规范房屋建筑和市政基础设施工程中危险性较大的分部分项工程（以下简称危大工程）安全管理。

（1）关于专项施工方案内容

危大工程专项施工方案的主要内容应当包括：

1）工程概况：危大工程概况和特点、施工平面布置、施工要求和技术保证条件；

2）编制依据：相关法律、法规、规范性文件、标准、规范及施工图设计文件、施工组织设计等；

3）施工计划：包括施工进度计划、材料与设备计划；

4）施工工艺技术：技术参数、工艺流程、施工方法、操作要求、检查要求等；

5）施工安全保证措施：组织保障措施、技术措施、监测监控措施等；

6）施工管理及作业人员配备和分工：施工管理人员、专职安全生产管理人员、特种作业人员、其他作业人员等；

7）验收要求：验收标准、验收程序、验收内容、验收人员等；

8）应急处置措施；

9）计算书及相关施工图纸。

（2）关于专家论证会参会人员

超过一定规模的危大工程专项施工方案专家论证会的参会人员应当包括：

1）专家；

2）建设单位项目负责人；

3）有关勘察、设计单位项目技术负责人及相关人员；

4）总承包单位和分包单位技术负责人或授权委派的专业技术人员、项目负责人、项目技术负责人、专项施工方案编制人员、项目专职安全生产管理人员及相关人员；

5）监理单位项目总监理工程师及专业监理工程师。

（3）关于验收人员

危大工程验收人员应当包括：

1）总承包单位和分包单位技术负责人或授权委派的专业技术人员、项目负责人、项目技术负责人、专项施工方案编制人员、项目专职安全生产管理人员及相关人员；

2）监理单位项目总监理工程师及专业监理工程师；

3）有关勘察、设计和监测单位项目技术负责人。

3.《北京市房屋建筑和市政基础设施工程危险性较大的分部分项工程安全管理实施细则（京建法》〔2019〕11号）

为加强房屋建筑和市政基础设施工程中危险性较大的分部分项工程（以下简称"危大工程"）安全管理，有效防范生产安全事故，依据《危险性较大的分部分项工程安全管理规定》（住房和城乡建设部令第37号，以下简称《规定》）《住房和城乡建设部关于修改部分部门规章的决定》（住房和城乡建设部令第47号）《住房和城乡建设部办公厅关于实施〈危险性较大的分部分项工程安全管理规定〉有关问题的通知》（建办质〔2018〕31号，以下简称《通知》）等有关规定，结合本市实际，制定本细则。

（1）北京市住房和城乡建设委员会（以下简称"市住房和城乡建设委"）、北区住房和城乡建设主管部门负责对辖区内纳入施工安全监督范围的危大工程实施具体施工安全监督管理，对工程项目建设单位、施工单位、监理单位履行危大工程安全管理职责情况进行监督执法抽查，对违法违规行为依法实施行政处罚。

本市轨道交通建设工程中危大工程具体施工安全监督管理，市住房城乡建设委有关文件另有规定的，从其规定。

（2）建设单位在住房和城乡建设主管部门申请办理施工许可手续时，应当在建设项目法人承诺书中承诺已具备《危险性较大的分部分项工程清单》（附件3）及其安全管理措施等资料。

（3）施工单位应当依据《北京市房屋建筑和市政基础设施工程施工安全风险分级管控指南》（以下简称《指南》），结合企业实际情况，将本企业资质许可范围允许承揽工程中可能涉及的危大工程作为风险源列入《企业施工安全风险源判别清单库》，并适时更新。

（4）施工单位应当在危大工程施工前，依据《危险性较大的分部分项工程汇总表》，组织工程技术人员编制专项施工方案。

实行施工总承包的，专项施工方案应当由施工总承包单位组织编制。危大工程实行专业分包的，专项施工方案可由相关专业分包单位组织编制，并由专业分包单位项目负责人主持编制。危大工程实行专业承包的，专项施工方案应当由相关专业承包单位组织编制，并由专业承包单位项目负责人主持编制。

（5）专项施工方案应当由施工单位技术负责人审核签字、加盖单位公章，并由总监理工程师审查签字、加盖执业印章后方可实施。

危大工程实行专业分包并由专业分包单位编制专项施工方案的，专项施工方案应当由专业分包单位技术负责人及施工总承包单位技术负责人共同审核签字并加盖单位公章，并由总监理工程师审查签字、加盖执业印章后方可实施。

危大工程实行专业承包的，专项施工方案应当由专业承包单位技术负责人及建设单位技术负责人共同审核签字并加盖单位公章，由施工总承包单位技术负责人审核签字，并由总监理工程师审查签字、加盖执业印章后方可实施。

（6）超过一定规模的危大工程专项施工方案除应当履行本条前三款规定的审核审查程序外，还应当由负责工程安全质量的建设单位代表审批签字。

（7）专项施工方案的主要内容应当包括：

1）工程概况：危大工程概况和特点、施工平面布置、施工要求和技术保证条件；

2）编制依据：相关法律、法规、规范性文件、标准、规范及施工图设计文件、施工组织设计等；

3）施工计划：包括施工进度计划、材料与设备计划；

4）施工工艺技术：技术参数、工艺流程、施工方法、操作要求、检查要求等；

5）施工安全保证措施：组织保障措施、技术措施、监测监控措施等；

6）施工管理及作业人员配备和分工：施工管理人员、专职安全生产管理人员、特种作业人员、其他作业人员等；

7）验收要求：验收标准、验收程序、验收内容、验收人员等；

8）应急处置措施；

9）计算书及相关施工图纸。

（8）涉及单位有利害关系的人员，不得以专家身份参加专家论证会。

（9）专家论证会后，应当形成《危险性较大的分部分项工程专家论证报告》，对专项施工方案提出通过、修改后通过或者不通过的一致意见。专家对论证报告负责并签字确认。

专项施工方案经论证结论为"通过"的，施工单位可参考专家意见自行修改完善后方可实施。

专项施工方案经论证结论为"修改后通过"的，施工单位应当根据论证报告对专项施工方案进行修改完善，重新履行完本细则第十六条程序并经专家组组长同意后方可实施。

专项施工方案经论证结论为"不通过"的，施工单位应当根据论证报告对专项施工方案进行修改完善，重新履行完本细则第十六条程序并重新组织专家论证。重新论证专家原则上由原论证专家担任。

（10）组织单位应当于专家论证会结束后3个工作日内，将《危险性较大的分部分项工程专家论证报告》电子版上传至动态管理平台。

（11）施工单位应当在施工现场显著位置公告危大工程名称、施工时间和具体责任人员，并在危险区域设置安全警示标志。

（12）专项施工方案实施前，编制人员或者项目技术负责人应当向施工现场管理人员进行书面的方案交底，并由双方共同签字确认。

施工现场管理人员应当向所有作业人员进行书面的安全技术交底，并由双方和项目专职安全生产管理人员共同签字确认。

（13）施工单位应当严格按照专项施工方案组织施工，不得擅自修改专项施工方案。

因规划调整、设计变更等原因确需调整的，修改后的专项施工方案应当重新履行本细则第十六条程序和专家论证程序。涉及资金或者工期调整的，建设单位应当按照约定予以调整。

（14）施工单位对专项施工方案的实施负安全质量主体责任。专家对专项施工方案的论证以及对专项施工方案实施情况的跟踪不替代工程项目参建单位对危大工程的法定管理责任。

（15）对于按照规定需要验收的危大工程，施工单位、监理单位应当组织相关人员进行验收。验收合格的，经施工单位项目技术负责人及总监理工程师签字确认后，方可进入下一道工序。

危大工程验收合格后，施工单位应当在施工现场明显位置设置验收标识牌，公示验收时间及责任人员。

（16）危大工程验收人员应当包括：

1）施工总承包单位和分包单位技术负责人或授权委派的专业技术人员，以及项目负责人、项目技术负责人、专项施工方案编制人员、项目专职安全生产管理人员和相关人员；

2）监理单位项目总监理工程师及专业监理工程师；

3）有关勘察、设计和监测单位项目技术负责人。

（17）危大工程发生险情或者事故时，施工单位应当立即采取应急处置措施，并报告工程所在地区住房城乡建设主管部门。建设、勘察、设计、监理等单位应当配合施工单位开展应急抢险工作。

（18）施工单位应当根据实际情况，将以下危大工程安全管理资料纳入危大工程安全管理档案：

1）《危险性较大的分部分项工程清单》；

2）《危险性较大的分部分项工程汇总表》；

3）风险评价和风险管控相关资料；

4）专项施工方案及施工单位审核、监理单位审查、建设单位审批手续；

5）《危险性较大的分部分项工程专家论证报告》及专家论证会会议签到表；

6）方案交底及安全技术交底；

7）施工作业人员登记表；

8）项目负责人现场履职记录；

9）项目专职安全管理人员现场监督记录；

10）施工监测和安全巡视记录；

11）上月专项施工方案实施情况说明；

12）验收记录；

13）隐患排查整改和复查记录。

（19）施工单位有下列行为之一的，责令限期改正，依照《北京市建筑业企业违法违规行为记分标准》予以记分处理：

未在专家论证会结束后3个工作日内将《危险性较大的分部分项工程专家论证报告》电子版上传至动态管理平台的；

在超过一定规模的危大工程施工期间，未在每月1日至5日（节假日顺延）登录动态管理平台，填写上月专项施工方案实施情况的。

（20）本细则所称专业分包，是指施工总承包单位将其所承包工程中的专业工程发包给具有专业工程施工资质的其他建筑业企业的行为。

本细则所称专业承包，是指建设单位在相关规定允许范围内，直接将专业工程自行发包给具有专业工程施工资质的其他建筑业企业的行为。

本细则所称施工单位（包括施工总承包单位、专业分包单位、专业承包单位）和监理单位，是指具有相应资质的独立法人企业。

4.4.3 《北京市建设工程质量条例》的发布

2015年北京市第四届人民代表大会常务委员会第二十一次会议通过了《北京市建设工程质量条例》（以下简称《条例》），《条例》自2016年1月1日起施行。《条例》的制定，对明确建设工程参建各方质量责任，加强建设工程质量管理，保障建设工程质量具有重要意义。

1 建筑材料、建筑构配件和设备的生产单位和供应单位按照规定对产品质量负责。

建筑材料、建筑构配件和设备进场时，供应单位应当按照规定提供真实、有效的质量证明文件。结构性材料、重要功能性材料和设备进场检验合格后，供应单位应当按照规定报送供应单位名称、材料技术指标、采购单位和采购数量等信息。供应涉及建筑主体和承重结构材料的单位，其法定代表人还应当签署工程质量终身责任承诺书。

2 预拌混凝土生产单位应当具备相应资质，对预拌混凝土的生产质量负责。

预拌混凝土生产单位应当对原材料质量进行检验，对配合比进行设计，按照配合比通知单生产，并按照法律法规和标准对生产质量进行验收。

3 建设、勘察、设计、施工、监理等单位的法定代表人应当签署授权委托书，明确各自建设工程项目负责人。项目负责人应当签署工程质量终身责任承诺书。法定代表人和项目负责人在工程设计使用年限内对工程建设相应质量承担直接责任。

4 建设单位项目负责人负责组织协调建设工程各阶段的质量管理工作，督促有关单位落实质量责任，并对由其违法违规或不当行为造成的工程质量事故或者质量问题承担责任。

勘察、设计单位项目负责人对因勘察、设计导致的工程质量事故或者质量问题承担责任。施工单位项目负责人对因施工导致的工程质量事故或者质量问题承担责任。监理单位项目负责人对施工质量承担监理责任。

5 从事工程建设活动的专业技术人员应当在注册许可范围和聘用单位业务范围内从业，对签署技术文件的真实性和准确性负责，依法承担质量责任。

6 建设、勘察、设计、施工、监理等单位的项目负责人、供应涉及建筑主体和承重结构材料的单位的法定代表人，其签署的工程质量终身责任承诺书作为建设工程各阶段相关合同的附件，由建设单位在办理施工图设计文件审查、工程质量监督注册手续时向有关监督管理部门提交。

工程质量终身责任承诺书应当存入建设工程档案，工程竣工验收合格后移交城市建设档案管理部门。

7 施工单位应当建立工程质量管理体系，设立项目管理机构，明确项目负责人，配备与工程项目规模和技术难度相适应的施工现场管理人员和专业技术人员，落实质量责任。

8 建设单位、施工单位可以采取合同方式约定各自采购的建筑材料、建筑构配件和设备，并对各自采购的建筑材料、建筑构配件和设备质量负责，按照规定报送采购信息。建设单位采购混凝土预制构件、钢筋和钢结构构件的，应当组织到货检验，并向施工单位出具检验合格证明。

9 施工单位应当按照规定对建筑材料、建筑构配件和设备、预拌混凝土、混凝土预制构件及有关专业工程材料进行进场检验；实施监理的建设工程，应当报监理单位审查；未经审查或者经审查不合格的，不得使用。

10 建设单位应当委托具有相应资质的检测单位，按照规定对见证取样的建筑材料、建筑构配件和设备、预拌混凝土、混凝土预制构件和工程实体质量、使用功能进行检测。施工单位进行取样、封样、送样，监理单位进行见证。

11 施工单位应当按照规定对隐蔽工程、检验批、分项和分部工程进行自检。

实施监理的建设工程，施工单位自检合格后应当报监理单位进行验收。经验收不合格的，监理单位应当要求施工单位整改并重新报验；未经监理单位验收或者经验收不合格，施工单位将隐蔽部位隐蔽的，监理单位应当要求施工单位停工整改，采取返工、检测等措施，并重新报验。

12 建设单位应当在建设工程质量保修范围和保修期限内对所有权人履行质量保修义务。

建设单位对所有权人的工程质量保修期限自交付之日起计算。

在建设工程保修期限内，经维修的部位保修期限自所有权人和相关单位验收合格之日起重新计算。

13 建设单位调整勘察、设计周期和施工工期的，应当承担相应增加费用。勘察、设计周期和施工工期按照国家和本市规定的定额及调整幅度确定，房屋征收、管线拆改移、树木伐移以及不可抗力等占用时间不包括在施工工期内。任何单位不得任意压缩合理勘察、设计周期和施工工期。

14 从事住宅工程房地产开发的建设单位在工程开工前，按照本市有关规定投保建设工程质量潜在缺陷责任保险，保险费用计入建设费用。保险范围包括地基基础、主体结构以及防水工程，地基基础和主体结构的保险期间至少为 10 年，防水工程的保险期间至少为 5 年。

鼓励建设工程有关单位和从业人员投保职业责任保险。

15 本市推行建设工程施工总承包单位施工质量保修担保制度。施工总承包单位与建设单位可以按照本市有关规定，在施工总承包合同中约定施工质量保修担保方式。

16 建设单位采购混凝土预制构件、钢筋和钢结构构件，未组织到货检验的，由住房城乡建设或者专业工程行政主管部门责令改正，处 10 万以上 20 万以下的罚款；建设单位采购的建筑材料、建筑构配件和设备不合格且用于工程的，由住房城乡建设或者专业工程行政主管部门责令改正，处 20 万元以上 50 万元以下的罚款。

17 违反本条例第四十条第一款、第四十四条规定，施工单位有下列行为之一的，由住房城乡建设或者专业工程行政主管部门责令改正，处 3 万元以上 10 万元以下的罚款；造成质量事故的，责令停业整顿，降低资质等级或者吊销资质证书：

（1）使用未经监理单位审查的建筑材料、建筑构配件和设备、预拌混凝土、混凝土预制构件及有关专业工程材料的；

（2）对送检样品或者进场检验弄虚作假的；

（3）隐蔽工程、检验批、分项工程、分部工程未经监理单位验收或者验收不合格，进行下一工序施工的。

18 监理单位将不合格的隐蔽工程、检验批、分项工程和分部工程按照合格进行验收，或者在单位工程质量竣工预验收中将质量不合格工程按照质量合格工程预验收的，由住房城乡建设或者专业工程行政主管部门责令改正，处3万元以上10万元以下的罚款。

4.4.4 《住房和城乡建设部关于印发建筑工程施工发包与承包违法行为认定查处管理办法的通知》（建市规〔2019〕1号）的发布

为规范建筑工程施工发包与承包活动，保证工程质量和施工安全，有效遏制违法发包、转包、违法分包及挂靠等违法行为，维护建筑市场秩序和建设工程主要参与方的合法权益优化建筑市场营商环境，住房和城乡建设部于2019年1月3日发布建筑工程施工发包与承包违法行为认定查处管理办法的通知。

1 建设单位与承包单位应严格依法签订合同，明确双方权利、义务、责任，严禁违法发包、转包、违法分包和挂靠，确保工程质量和施工安全。

2 违法发包，是指建设单位将工程发包给个人或不具有相应资质的单位、肢解发包、违反法定程序发包及其他违反法律法规规定发包的行为。

3 存在下列情形之一的，属于违法发包：

（1）建设单位将工程发包给个人的；

（2）建设单位将工程发包给不具有相应资质的单位的；

（3）依法应当招标未招标或未按照法定招标程序发包的；

（4）建设单位设置不合理的招标投标条件，限制、排斥潜在投标人或者投标人的；

（5）建设单位将一个单位工程的施工分解成若干部分发包给不同的施工总承包或专业承包单位的。

4 转包，是指承包单位承包工程后，不履行合同约定的责任和义务，将其承包的全部工程或者将其承包的全部工程肢解后以分包的名义分别转给其他单位或个人施工的行为。

5 存在下列情形之一的，应当认定为转包，但有证据证明属于挂靠或者其他违法行为的除外：

（1）承包单位将其承包的全部工程转给其他单位（包括母公司承接建筑工程后将所承接工程交由具有独立法人资格的子公司施工的情形）或个人施工的；

（2）承包单位将其承包的全部工程肢解以后，以分包的名义分别转给其他单位或个人施工的；

（3）施工总承包单位或专业承包单位未派驻项目负责人、技术负责人、质量管理负责人、安全管理负责人等主要管理人员，或派驻的项目负责人、技术负责人、质量管理负责人、安全管理负责人中一人及以上与施工单位没有订立劳动合同且没有建立劳动工资和社会养老保险关系，或派驻的项目负责人未对该工程的施工活动进行组织管理，又不能进行合理解释并提供相应证明的；

（4）合同约定由承包单位负责采购的主要建筑材料、构配件及工程设备或租赁的施工机械设备，由其他单位或个人采购、租赁，或施工单位不能提供有关采购、租赁合同及发票等证明，又不能进行合理解释并提供相应证明的；

（5）专业作业承包人承包的范围是承包单位承包的全部工程，专业作业承包人计取的是除上缴给承包单位"管理费"之外的全部工程价款的；

（6）承包单位通过采取合作、联营、个人承包等形式或名义，直接或变相将其承包的全部工程转给其他单位或个人施工的；

（7）专业工程的发包单位不是该工程的施工总承包或专业承包单位的，但建设单位依约作为发包单位的除外；

（8）专业作业的发包单位不是该工程承包单位的；

（9）施工合同主体之间没有工程款收付关系，或者承包单位收到款项后又将款项转拨给其他单位和个人，又不能进行合理解释并提供材料证明的。

两个以上的单位组成联合体承包工程，在联合体分工协议中约定或者在项目实际实施过程中，联合体一方不进行施工也未对施工活动进行组织管理的，并且向联合体其他方收取管理费或者其他类似费用的，视为联合体一方将承包的工程转包给联合体其他方。

6 挂靠，是指单位或个人以其他有资质的施工单位的名义承揽工程的行为。前文所称承揽工程，包括参与投标、订立合同、办理有关施工手续、从事施工等活动。

7 存在下列情形之一的，属于挂靠：

（1）没有资质的单位或个人借用其他施工单位的资质承揽工程的；

（2）有资质的施工单位相互借用资质承揽工程的，包括资质等级低的借用资质等级高的，资质等级高的借用资质等级低的，相同资质等级相互借用的；

8 违法分包，是指承包单位承包工程后违反法律法规规定，把单位工程或分部分项工程分包给其他单位或个人施工的行为。

9 存在下列情形之一的，属于违法分包：

（1）承包单位将其承包的工程分包给个人的；

（2）施工总承包单位或专业承包单位将工程分包给不具备相应资质单位的；

（3）施工总承包单位将施工总承包合同范围内工程主体结构的施工分包给其他单位的，钢结构工程除外；

（4）专业分包单位将其承包的专业工程中非劳务作业部分再分包的；

（5）专业作业承包人将其承包的劳务再分包的；

（6）专业作业承包人除计取劳务作业费用外，还计取主要建筑材料款和大中型施工机械设备、主要周转材料费用的。

10 对认定有转包、违法分包违法行为的施工单位，依据《中华人民共和国建筑法》第六十七条、《建设工程质量管理条例》第六十二条规定进行处罚。

对认定有挂靠行为的施工单位或个人，依据《中华人民共和国招标投标法》第五十四条、《中华人民共和国建筑法》第六十五条和《建设工程质量管理条例》第六十条规定进行处罚。

对认定有转让、出借资质证书或者以其他方式允许他人以本单位的名义承揽工程的施工单位，依据《中华人民共和国建筑法》第六十六条、《建设工程质量管理条例》第六十一条规定进行处罚。

11 对认定有转包、违法分包、挂靠、转让出借资质证书或者以其他方式允许他人以本单位的名义承揽工程等违法行为的施工单位，可依法限制其参加工程投标活动、承揽新的工程项目，并对其企业资质是否满足资质标准条件进行核查，对达不到资质标准要求的限期整改，整改后仍达不到要求的，资质审批机关撤回其资质证书。

对2年内发生2次及以上转包、违法分包、挂靠、转让出借资质证书或者以其他方式允许他人以本单位的名义承揽工程的施工单位，应当依法按照情节严重情形给予处罚。

12 因违法发包、转包、违法分包、挂靠等违法行为导致发生质量安全事故的，应当依法按照情节严重情形给予处罚。

13 对于违法发包、转包、违法分包、挂靠等违法行为的行政处罚追溯期限，应当按照法工办发〔2017〕223号文件的规定，从存在违法发包、转包、违法分包、挂靠的建筑工程竣工验收之日起计算；合同工程量未全部完成而解除或终止履行合同的，自合同解除或终止之日起计算。

4.4.5 《建筑市场信用管理暂行办法》（建市〔2017〕241号）

为贯彻落实《国务院办公厅关于促进建筑业持续健康发展的意见》（国办发〔2017〕19号），加快推进建筑市场信用体系建设，规范建筑市场秩序，营造公平竞争、诚信守法的市场环境，根据《中华人民共和国建筑法》《中华人民共和国招标投标法》《企业信息公示暂行条例》《社会信用体系建设规划纲要（2014—2020年）》等，制定本办法。

该办法所称建筑市场各方主体是指工程项目的建设单位和从事工程建设活动的勘察、设计、施工、监理等企业，以及注册建筑师、勘察设计注册工程师、注册建造师、注册监理工程师等注册执业人员。

住房和城乡建设部负责指导和监督全国建筑市场信用体系建设工作，制定建筑市场信用管理规章制度，建立和完善全国建筑市场监管公共服务平台，公开建筑市场各方主体信用信息，指导省级住房城乡建设主管部门开展建筑市场信用体系建设工作。

省级住房和城乡建设主管部门负责本行政区域内建筑市场各方主体的信用管理工作，制定建筑市场信用管理制度并组织实施，建立和完善本地区建筑市场监管一体化工作平台，对建筑市场各方主体信用信息认定、采集、公开、评价和使用进行监督管理，并向全国建筑市场监管公共服务平台推送建筑市场各方主体信用信息。

1 优良信用信息是指建筑市场各方主体在工程建设活动中获得的县级以上行政机关或群团组织表彰奖励等信息。

2 不良信用信息是指建筑市场各方主体在工程建设活动中违反有关法律、法规、规章或工程建设强制性标准等，受到县级以上住房和城乡建设主管部门行政处罚的信息，以及经有关部门认定的其他不良信用信息。

3 地方各级住房城乡建设主管部门应当通过省级建筑市场监管一体化工作平台，认定、采集、审核、更新和公开本行政区域内建筑市场各方主体的信用信息，并对其真实性、完整性和及时性负责。

4 各级住房和城乡建设主管部门应当建立健全信息推送机制，自优良信用信息和不良信用信息产生之日起7个工作日内，通过省级建筑市场监管一体化工作平台依法对社会公开，并推送至全国建筑市场监管公共服务平台。

5　各级住房和城乡建设主管部门应当加强与发展改革、人民银行、人民法院、人力资源社会保障、交通运输、水利、工商等部门和单位的联系，加快推进信用信息系统的互联互通，逐步建立信用信息共享机制。

6　建筑市场各方主体的信用信息公开期限为：

（1）基本信息长期公开；

（2）优良信用信息公开期限一般为3年；

（3）不良信用信息公开期限一般为6个月至3年，并不得低于相关行政处罚期限。具体公开期限由不良信用信息的认定部门确定。

7　县级以上住房和城乡建设主管部门按照"谁处罚、谁列入"的原则，将存在下列情形的建筑市场各方主体，列入建筑市场主体"黑名单"：

（1）利用虚假材料、以欺骗手段取得企业资质的；

（2）发生转包、出借资质，受到行政处罚的；

（3）发生重大及以上工程质量安全事故，或1年内累计发生2次及以上较大工程质量安全事故，或发生性质恶劣、危害性严重、社会影响大的较大工程质量安全事故，受到行政处罚的；

（4）经法院判决或仲裁机构裁决，认定为拖欠工程款，且拒不履行生效法律文书确定的义务的。

各级住房和城乡和建设主管部门应当参照建筑市场主体"黑名单"，对被人力资源社会保障主管部门列入拖欠农民工工资"黑名单"的建筑市场各方主体加强监管。

8　对被列入建筑市场主体"黑名单"的建筑市场各方主体，地方各级住房和城乡建设主管部门应当通过省级建筑市场监管一体化工作平台向社会公布相关信息，包括单位名称、机构代码、个人姓名、证件号码、行政处罚决定、列入部门、管理期限等。

省级住房城乡建设主管部门应当通过省级建筑市场监管一体化工作平台，将建筑市场主体"黑名单"推送至全国建筑市场监管公共服务平台。

9　建筑市场信用评价主要包括企业综合实力、工程业绩、招标投标、合同履约、工程质量控制、安全生产、文明施工、建筑市场各方主体优良信用信息及不良信用信息等内容。

4.4.6　《北京市房屋建筑和市政基础设施工程有限空间作业安全管理规定》（京建法〔2019〕14号）的发布

为加强北京市房屋建筑和市政基础设施工程有限空间作业安全管理，规范有限空间作业安全行为，预防房屋建筑和市政基础设施工程有限空间事故的发生，北京市住房和城乡建设委于2019年6月26日发布该规定。

1　本市行政区域内的房屋建筑和市政基础设施工程（含轨道交通工程）有限空间作业的安全管理，适用于本规定。

2　有限空间是指封闭或部分封闭、进出口受限但人员可以进入、未被设计为固定工作场所、自然通风不良，易造成有毒有害、易燃易爆物质积聚或氧含量不足的空间。有限空间作业是指作业人员进入有限空间实施的施工作业活动。

3　施工现场的有限空间包括：（一）密闭设备：贮罐、槽罐、容器、管道、烟道、锅炉、密闭舱室等；（二）房屋建筑工程有限空间：人防工程、人工挖孔桩工程、消防水池、泵站、电梯井、通风井、采光井、储藏室、酒糟池、发酵池、垃圾站、温室、料仓等；（三）市政基础设施工程有限空间：地下管廊、隧道、施工竖井、雨污水井、电力井、热力井、电信井、燃气井、集水井、污水池、沼气池、化粪池等。

4　施工现场的有限空间危害物质包括：（一）建筑材料类：混凝土添加剂、防水涂料、防腐保温材料、挥发性有机溶剂，以及含苯、甲苯、二甲苯、氨、聚氨酯等物质的其他施工材料；（二）施工环境中存在或者施工产生的有害物质：煤炭或汽柴油燃烧物、一氧化碳、二氧化碳、二氧化硫、硫化氢、粉尘、瓦斯等。

5　施工现场有限空间危险作业包括：防水施工、暗挖施工、顶管施工、盾构施工、拆模作业、电气焊作业、油漆喷涂作业、防腐保温作业、冬季明火保温施工、人工挖孔桩作业；各类管井保养维修清理及升级改造作业、清淤作业、内燃机（水泵、汽柴油发电机等）作业等。

6　有限空间作业前，必须严格执行"先检测、再通风、后作业"的原则，根据施工现场有限空间作业实际情况，对有限空间内部可能存在的危害因素进行检测，未经检测或检测不合格的，严禁作业人员进入有限空间进行施工作业。

有限空间作业过程中，针对作业环境可能发生变化的情况，施工单位应对作业场所实时检测。

7　气体检测应按照氧气含量、可燃性气体、有毒有害气体顺序进行，检测内容至少应当包括氧气、可燃气、硫化氢、一氧化碳。有限空间氧气含量低于19.5%或者超过23.5%，以及含有可燃气体、有毒有害气体、易燃易爆气体超过安全标准的，必须按照规定采取相应的措施。

8　施工单位可以自行检测，也可聘请专业机构进行检测，施工单位应当填写《建筑工程施工现场安全资料管理规程》DB 11/383有限空间作业气体监测记录表（AQ-C6-4）。

9　有限空间作业前和作业过程中必须采取强制性持续通风措施，保持空气流通，严禁使用纯氧进行通风换气。

10　有限空间内手持电动工具、照明工具电压应不大于24V，在积水、结露的有限空间和金属容器中作业，手持电动工具及照明工具电压应不大于12V。存在爆炸危险的，应符合《爆炸性气体环境用电气设备》GB 3836.1的有关规定。

11　存在可燃性气体的作业场所，严禁使用明火，必须使用防爆型安全防护设备和防静电工作服；存在粉尘爆炸危险的有限空间，应符合《粉尘防爆安全规程》GB 15577的有关规定。

12　施工单位应建立有限空间安全管理规章制度（包括有限空间安全培训制度、作业审批制度、防护设备管理制度、应急管理制度、安全操作规程等），根据有限空间的实际情况制定专项施工方案，项目专职安全管理人员应对有限空间作业进行现场监督。

施工总承包单位应加强对专业分包单位和劳务分包单位的有限空间安全管理，签订安全管理协议。

13　作业人员应接受有限空间作业安全生产培训，遵守有限空间作业安全操作规程，正确使用有限空间作业安全设施与个人防护用品，与监护者进行有效的操作作业、报警、撤离等信息沟通。

具备条件的有限空间作业人员必须牢系安全绳，安全绳的长度应当满足施工需要，安全绳的一端与全身式安全带系牢，另外一端必须有效固定于有限空间外。

14　监护人员应经安全培训、考核合格，取得有限空间特种作业操作证书，方可上岗作业。监护人员应与作业者进行有效的操作作业、报警、撤离等信息沟通，佩戴袖标并在有限空间外全程持续监护，在紧急情况时向作业者发出撤离警告。有限空间作业前和作业完成后，监护人员应登记确认作业人员数量。

15　有限空间作业专项施工方案的编制、审批、验收等工作，应当按照《北京市房屋建筑和市政基础设施工程危险性较大的分部分项工程安全管理实施细则》的有关规定执行，专项施工方案的主要内容应当包括：

（1）编制依据：相关法律、法规、规章、规范性文件、标准、规范及施工图设计文件、施工组织设计等；

（2）有限空间的概况：有限空间名称、位置、设计参数；

（3）危险有害物质情况：有限空间内含有的硫化氢、一氧化碳、二氧化碳、苯、氨等有毒有害气体的名称、浓度、预警值、报警值；

（4）风险评估等级及管控措施；

（5）通风检测设备及使用方法；

（6）应急救援设备和使用方法，应急救援措施；

（7）施工管理人员、作业人员、监护人员配备和分工。

16　施工单位应在有限空间作业前使用围挡、锥筒、警戒线、护栏等有效设施封闭作业区域，并在作业区域显著位置设置有限空间作业安全告知牌，防止无关人员进入危险区域。

17　施工单位应每年对有限空间作业安全管理人员、施工现场管理人员、监护人员、作业人员和应急救援人员至少进行一次有限空间安全培训教育。

施工单位项目部应根据本项目的实际情况，对项目管理人员和作业人员进行有限空间培训教育。

18　有限空间安全培训教育的内容应包括：有限空间作业安全相关法律法规、规范标准、安全管理制度、操作规程、应急预案，检测通风设备、安全防护设备、应急救援设备的正确使用等。施工单位项目部的有限空间培训教育还应包括本项目有限空间的具体名称和位置、危险有害因素、作业环境、作业内容、体验式安全培训教育等。

有限空间培训教育应当做好培训教育记录，参加培训的人员应签字确认。

19　施工单位应根据有限空间事故特点，制定有限空间事故专项应急救援预案，应急救援预案应包括应急组织体系、职责分工以及应急救援程序和措施，并每半年至少进行一次应急演练。

有限空间发生事故时，施工单位应立即启动应急救援预案，救援人员应做好自身防护，配备必要的救援器材，严禁盲目施救。

4.4.7 《注册建造师管理规定》

为落实国务院行政审批制度改革要求、进一步规范注册建造师管理，《注册建造师管理规定》（住房城乡建设部令第 153 号）。

1 中华人民共和国境内注册建造师的注册、执业、继续教育和监督管理，适用本规定。

2 本规定所称注册建造师，是指通过考核认定或考试合格取得中华人民共和国建造师资格证书（以下简称资格证书），并按照本规定注册，取得中华人民共和国建造师注册证书（以下简称注册证书）和执业印章，担任施工单位项目负责人及从事相关活动的专业技术人员。

未取得注册证书和执业印章的，不得担任大中型建设工程项目的施工单位项目负责人，不得以注册建造师的名义从事相关活动。

3 国务院建设主管部门对全国注册建造师的注册、执业活动实施统一监督管理；国务院铁路、交通、水利、信息产业、民航等有关部门按照国务院规定的职责分工，对全国有关专业工程注册建造师的执业活动实施监督管理。

县级以上地方人民政府建设主管部门对本行政区域内的注册建造师的注册、执业活动实施监督管理；县级以上地方人民政府交通、水利、通信等有关部门在各自职责范围内，对本行政区域内有关专业工程注册建造师的执业活动实施监督管理。

4 注册建造师实行注册执业管理制度，注册建造师分为一级注册建造师和二级注册建造师。

取得资格证书的人员，经过注册方能以注册建造师的名义执业。

5 申请初始注册时应当具备以下条件：

（1）经考核认定或考试合格取得资格证书；

（2）受聘于一个相关单位；

（3）达到继续教育要求；

（4）没有本规定第十五条所列情形。

6 取得二级建造师资格证书的人员申请注册，由省、自治区、直辖市人民政府建设主管部门负责受理和审批，具体审批程序由省、自治区、直辖市人民政府建设主管部门依法确定。对批准注册的，核发由国务院建设主管部门统一样式的《中华人民共和国二级建造师注册证书》和执业印章，并在核发证书后 30 日内送国务院建设主管部门备案。

7 注册证书和执业印章是注册建造师的执业凭证，由注册建造师本人保管、使用。

8 取得资格证书的人员应当受聘于一个具有建设工程勘察、设计、施工、监理、招标代理、造价咨询等一项或者多项资质的单位，经注册后方可从事相应的执业活动。

担任施工单位项目负责人的，应当受聘并注册于一个具有施工资质的企业。

9 注册建造师的具体执业范围按照《注册建造师执业工程规模标准》执行。

注册建造师不得同时在两个及两个以上的建设工程项目上担任施工单位项目负责人。注册建造师可以从事建设工程项目总承包管理或施工管理，建设工程项目管理服务，建设工程技术经济咨询，以及法律、行政法规和国务院建设主管部门规定的其他业务。

10 建设工程施工活动中形成的有关工程施工管理文件，应当由注册建造师签字并加盖执业印章。

施工单位签署质量合格的文件上，必须有注册建造师的签字盖章。

11 注册建造师在每一个注册有效期内应当达到国务院建设主管部门规定的继续教育要求。继续教育分为必修课和选修课，在每一注册有效期内各为 60 学时。经继续教育达到合格标准的，颁发继续教育合格证书。

12 注册建造师享有下列权利：

(1) 使用注册建造师名称；

(2) 在规定范围内从事执业活动；

(3) 在本人执业活动中形成的文件上签字并加盖执业印章；

(4) 保管和使用本人注册证书、执业印章；

(5) 对本人执业活动进行解释和辩护；

(6) 接受继续教育；

(7) 获得相应的劳动报酬；

(8) 对侵犯本人权利的行为进行申述。

13 注册建造师应当履行下列义务：

(1) 遵守法律、法规和有关管理规定，恪守职业道德；

(2) 执行技术标准、规范和规程；

(3) 保证执业成果的质量，并承担相应责任；

(4) 接受继续教育，努力提高执业水准；

(5) 保守在执业中知悉的国家秘密和他人的商业、技术等秘密；

(6) 与当事人有利害关系的，应当主动回避；

(7) 协助注册管理机关完成相关工作。

4.4.8 《建设项目工程总承包管理规范》GB/T 50358

根据住房和城乡建设部《关于印发〈2014 年工程建设标准规范制订、修订计划〉的通知》(建标〔2013〕169 号) 的要求，规范编制组经广泛调查研究，认真总结实践经验，参考有关国际标准和国外先进标准，并在广泛征求意见的基础上，编制了本规范。

本规范的主要技术内容是：(1) 总则；(2) 术语；(3) 工程总承包管理的组织；(4) 项目策划；(5) 项目设计管理；(6) 项目采购管理；(7) 项目施工管理；(8) 项目试运行管理；(9) 项目风险管理；(10) 项目进度管理；(11) 项目质量管理；(12) 项目费用管理；(13) 项目安全、职业健康与环境管理；(14) 项目资源管理；(15) 项目沟通与信息管理；(16) 项目合同管理；(17) 项目收尾。

1. 工程总承包管理的组织

一般规定

1) 工程总承包企业应建立与工程总承包项目相适应的项目管理组织，并行使项目管理职能，实行项目经理负责制。

2) 工程总承包企业宜采用项目管理目标责任书的形式，并明确项目目标和项目经理的职责、权限和利益。

3) 项目经理应根据工程总承包企业法定代表人授权的范围、时间和项目管理目标责任书中规定的内容，对工程总承包项目，自项目启动至项目收尾，实行全过程管理。

4) 工程总承包企业承担建设项目工程总承包，宜采用矩阵式管理。项目部应由项目经理领导，并接受工程总承包企业职能部门指导、监督、检查和考核。

5) 项目部在项目收尾完成后应由工程总承包企业批准解散。

2. 项目部职能

(1) 项目部应具有工程总承包项目组织实施和控制职能。

(2) 项目部应对项目质量、安全、费用、进度、职业健康和环境保护目标负责。

(3) 项目部应具有内外部沟通协调管理职能。

3. 项目经理能力要求

(1) 工程总承包企业应明确项目经理的能力要求，确认项目经理任职资格，并进行管理。

(2) 工程总承包项目经理应具备下列条件：

1) 取得工程建设类注册执业资格或高级专业技术职称；

2) 具备决策、组织、领导和沟通能力，能正确处理和协调与项目发包人、项目相关方之间及企业内部各专业、各部门之间的关系；

3) 具有工程总承包项目管理及相关的经济、法律法规和标准化知识；

4) 具有类似项目的管理经验；

5) 具有良好的信誉。

4. 项目经理的职责和权限

(1) 项目经理应履行下列职责：

1) 执行工程总承包企业的管理制度，维护企业的合法权益；

2) 代表企业组织实施工程总承包项目管理，对实现合同约定的项目目标负责；

3) 完成项目管理目标责任书规定的任务；

4) 在授权范围内负责与项目干系人的协调，解决项目实施中出现的问题；

5) 对项目实施全过程进行策划、组织、协调和控制；

6) 负责组织项目的管理收尾和合同收尾工作。

(2) 项目经理应具有下列权限：

1) 经授权组建项目部，提出项目部的组织机构，选用项目部成员，确定岗位人员职责；

2) 在授权范围内，行使相应的管理权，履行相应的职责；

3) 在合同范围内，按规定程序使用工程总承包企业的相关资源；

4) 批准发布项目管理程序；

5）协调和处理与项目有关的内外部事项。

（3）项目管理目标责任书宜包括下列主要内容：

1）规定项目质量、安全、费用、进度、职业健康和环境保护目标等；

2）明确项目经理的责任、权限和利益；

3）明确项目所需资源及工程总承包企业为项目提供的资源条件；

4）项目管理目标评价的原则、内容和方法；

5）工程总承包企业对项目部人员进行奖惩的依据、标准和规定；

6）项目经理解职和项目部解散的条件及方式；

7）在工程总承包企业制度规定以外的、由企业法定代表人向项目经理委托的事项。

新颁布及修订的法律、法规、规章如表 4-1 所示。

新颁布及修订的法律、法规、规章清单 表 4-1

序号	文件编号	名称	发布单位	发布时间
1	2019 年 29 号主席令	中华人民共和国建筑法(修订)	全国人民代表大会	2019 年 4 月 23 日
2	2019 年 29 号主席令	中华人民共和国消防法(修订)	全国人民代表大会	2019 年 4 月 23 日
3	2019 年 29 号主席令	中华人民共和国城乡规划法(修订)	全国人民代表大会	2019 年 4 月 23 日
4	2019 年 29 号主席令	中华人民共和国行政许可法(修订)	全国人民代表大会	2019 年 4 月 23 日
5	国务院令第 714 号令	建设工程质量管理条例(修订)	国务院	2019 年 4 月 23 日
6	国务院令第 714 号令	公共场所卫生管理条例(修订)	国务院	2019 年 4 月 23 日
7	国务院令第 714 号令	中华人民共和国企业所得税法实施条例(修订)	国务院	2019 年 4 月 23 日
8	国务院令第 710 号令	城市道路管理条例(修订)	国务院	2019 年 4 月 23 日
9	国务院令第 710 号令	不动产登记暂行条例(修订)	国务院	2019 年 4 月 23 日
10	住房和城乡建设部第 42 号令	建筑工程施工许可管理办法(修订)	住房和城乡建设部	2018 年 9 月 19 日
11	住房和城乡建设部第 47 号令	房屋建筑和市政基础设施工程施工招标投标管理办法(修订)	住房和城乡建设部	2019 年 2 月 15 日
12	住房和城乡建设部第 45 号令	建筑业企业资质管理规定(修订)	住房和城乡建设部	2018 年 12 月 13 日
13	住房和城乡建设部第 45 号令	建设工程勘察设计资质管理规定(修订)	住房和城乡建设部	2018 年 12 月 13 日
14	住房和城乡建设部第 45 号令	工程监理企业资质管理规定(修订)	住房和城乡建设部	2018 年 12 月 13 日
15	住房和城乡建设部第 45 号令	房地产开发企业资质管理规定(修订)	住房和城乡建设部	2018 年 12 月 13 日
16	住房和城乡建设部第 46 号令	房屋建筑和市政基础设施工程施工图设计文件审查管理办法(修订)	住房和城乡建设部	2018 年 12 月 13 日
17	住房和城乡建设部第 46 号令	房屋建筑和市政基础设施工程施工分包管理办法(修订)	住房和城乡建设部	2018 年 12 月 13 日
18	住房和城乡建设部第 47 号令	危险性较大的分部分项工程安全管理规定(修订)	住房和城乡建设部	2019 年 2 月 15 日
19	住房和城乡建设部第 47 号令	城市建设档案管理规定(修订)	住房和城乡建设部	2019 年 2 月 15 日
20	住房和城乡建设部第 47 号令	城市地下管线工程档案管理办法(修订)	住房和城乡建设部	2019 年 2 月 15 日

序号	文件编号	名称	发布单位	发布时间
21	住房和城乡建设部第 37 号令	危险性较大的分部分项工程安全管理规定	住房和城乡建设部	2018 年 2 月 12 日
22	建市〔2019〕68 号	住房和城乡建设部等部门关于加快推进房屋建筑和市政基础设施工程实行工程担保制度的指导意见	住房和城乡建设部	2019 年 6 月 20 日
23	建市规〔2019〕1 号	住房和城乡建设部关于印发建筑工程施工发包与承包违法行为认定查处管理办法的通知	住房和城乡建设部	2019 年 1 月 3 日
24	建办质〔2018〕31 号	关于实施《危险性较大的分部分项工程安全管理规定》有关问题的通知	住房和城乡建设部	2018 年 5 月 17 日
25	建市〔2017〕241 号	建筑市场信用管理暂行办法	住房和城乡建设部	2017 年 12 月 11 日
26	住房和城乡建设部第 153 号令	注册建造师管理规定	住房和城乡建设部	2006 年 12 月 11 日
27	京建法〔2019〕11 号	北京市房屋建筑和市政基础设施工程危险性较大的分部分项工程安全管理实施细则	北京市住房和城乡建设委	2019 年 4 月 9 日
28	/	北京市建设工程质量条例	北京市人民政府	2015 年 9 月 25 日
29	京建法〔2019〕14 号	北京市房屋建筑和市政基础设施工程有限空间作业安全管理规定	北京市住房和城乡建设委	2019 年 6 月 26 日
30	GB/T 50358—2017	建设项目工程总承包管理规范	住房和城乡建设部	2017 年 5 月 4 日

参 考 文 献

[1] 建筑业 10 项新技术（2017 版）应用指南［M］.

[2] 刘国斌，王卫东. 基坑工程手册（第二版）.［M］. 北京：中国建筑工业出版社，2009.

[3] 陈彦凤. 装配式预应力鱼腹梁钢结构支撑技术的应用［J］. 山西建筑，2015，41（9）：80-81.

[4] 中华人民共和国住房和城乡建设部. 建筑施工工具式脚手架安全技术规范 JGJ 202［S］.

[5] 刘建国. 电动桥式脚手架在住宅产业化项目中的应用［J］. 施工技术，2016（15）.

[6] 刘建国. 电动桥式脚手架应用技术［J］. 建筑技术，2018（12）.

[7] 中国建筑金属结构协会钢结构专家委员会. 钢结构与绿色建筑技术应用［M］. 北京：中国建筑工业出版社，2019.

[8] 张琨. 千米级摩天大楼结构施工关键技术研究［M］. 北京：中国建筑工业出版社，2017.

[9] 张琨. 中国 500 米以上超高层建筑施工组织设计案例集［M］. 北京：中国建筑工业出版社，2017.

[10] （英）安东尼伍德. 世界摩天大楼 100［M］. 桂林：广西师范大学出版社，2015.

[11] 吕西林. 高层建筑结构［M］. 武汉：武汉理工大学出版社，2003.

[12] 胡玉银. 超高层建筑施工［M］. 北京：中国建筑工业出版社，2011.

[13] 住房和城乡建设部工程质量安全监管司. 建筑业 10 项新技术［M］. 北京：中国建筑工业出版社，2017.

[14] 叶志明. 土木工程概论［M］. 北京：高等教育出版社，2008.

[15] 建设工程人工材料设备机械数据分类标准及编码规则 T/BCAT 0001［S］.

[16] 建设工程人工材料设备机械数据分类标准及编码规则（使用指南）［S］.

参考文献

[1] 吴中伟. 高性能混凝土[M]. 北京: 中国建筑工业出版社.

[2] 冯乃谦. 高性能混凝土[M]. 北京: 中国建筑工业出版社. 混凝土外加剂及其应用技术进展会.

[3] 陈肇元. 高强与高性能混凝土及其应用[M]. 北京: 中国建筑工业出版社. 2003. 水泥基材料. 2007, 9(10): 30.

[4] 中国建筑科学研究院. 普通混凝土配合比设计规程 JGJ 55-2011[S].

[5] 东南大学, 同济大学, 哈尔滨工业大学. 土木工程材料[M]. 北京: 中国建筑工业出版社.

[6] 陈志源, 李启令. 土木工程材料[M]. 武汉: 武汉理工大学出版社.

[7] 田冠飞, 等. 土木工程材料. 北京: 高等教育出版社混凝土及其应用技术会议论文集[C]. 北京: 中国建筑工业出版社.

[8] 湖南大学, 等. 土木工程材料[M]. 北京: 中国建筑工业出版社.

[9] 杨医博, 等. 混凝土的裂缝及其控制[M]. 北京: 中国建筑工业出版社.

[10] 廉慧珍, 童良, 陈恩义. 建筑材料物理化学基础. 北京: 清华大学出版社.

[11] 沈威, 黄文熙, 闵盘荣. 水泥工艺学[M]. 武汉: 武汉工业大学出版社.

[12] 袁润章. 胶凝材料学[M]. 武汉: 武汉理工大学出版社.

[13] 余红发, 等. 盐湖地区高性能混凝土的耐久性, 机理与使用寿命预测[D]. 南京: 东南大学材料科学与工程学院.

[14] 田冠飞. 土木工程材料[M]. 北京: 中国建筑工业出版社.

[15] 杨医博, 等. 硅灰对高强混凝土流变性能及和易性的影响[J]. 混凝土.

[16] 蒲心诚, 等. 超高强高性能混凝土的力学性能研究[J]. 建筑结构学报.